Um volume da
«Oxford Chemistry Series»

Corpo Editorial
P. W. ATKINS, J. S. E. HOLKER, A. K. HOLLIDAY

Composto e impresso na Gráfica de Coimbra — 3 000 ex. Fevereiro de 1981

C. A. COULSON, F. R. S.

PROFESSOR OF THEORETICAL CHEMISTRY, UNIVERSITY OF OXFORD

A FORMA E A ESTRUTURA DAS MOLÉCULAS

TRADUÇÃO DE

A. C. P. ALVES
Departamento de Química
Universidade de Coimbra

Livraria Almedina
COIMBRA—1981

Título original

THE SHAPE AND STRUCTURE OF MOLECULES

(*Da Colecção:* «Oxford Chemistry Series»)

© OXFORD UNIVERSITY PRESS 1973

Direitos reservados para todos os Países de Língua Portuguesa, por Livraria Almedina — Coimbra — Portugal

Toda a reprodução desta obra, seja por fotocópia ou outro qualquer processo, sem prévia autorização escrita do Editor, é ilícita e passível de procedimento judicial contra o infractor.

Prefácio do Editor

A explanação do modo como os átomos se combinam para formar moléculas constitui um dos maiores êxitos da aplicação das ideias da mecânica quântica à química, pois que se revela possível uma compreensão não só das razões pelas quais os átomos se combinam mas também das razões porque surgem as geometrias características das moléculas resultantes. A mecânica quântica subjacente à descrição pode tornar-se complexa, mas é possível extrair algumas ideias qualitativas simples que nos permitem a apreensão dos factores determinantes na definição da forma de uma molécula. Estas são as ideias expostas neste livro.

O estudo da forma e da estrutura das moléculas é um dos domínios primeiros do encontro entre a teoria e a experimentação. Uma parte muito significativa da química teórica preocupa-se com cálculos de estruturas moleculares, e as técnicas experimentais, por vezes extremamente sofisticadas, utilizam-se para obter a confirmação experimental. O estudo das moléculas pelos *Métodos de Difracção* vem descrito num dos livros desta série: a *Ressonância Magnética* permite a obtenção de alguma informação estrutural, e outras técnicas espectroscópicas permitem obter informação extremamente detalhada, como surgirá descrito em posteriores volumes. As propriedades atómicas que determinam a estrutura molecular estão revistas em *O Quadro Periódico dos Elementos,* e as implicações da forma molecular nas reacções orgânicas vêm descritas no volume que versa a *Estereoquímica.*

P. W. A.

Agradecimentos

Agradece-se aos editores das revistas a seguir mencionadas a permissão para reproduzir material nelas publicado.

Endeavour (Figs. 1, 2), *Proc. Camb. phil. Soc.* (Fig. 11), *Science* (Figs. 22, 35), e *J. chem. Phys.* (Fig. 23).

Prefácio

Ninguém compreende realmente o comportamento de uma molécula antes de conhecer a sua estrutura — isto é: o seu tamanho e forma e a natureza das suas ligações. Nos tempos recentes um notável desenvolvimento de métodos experimentais tem-nos fornecido uma imensa quantidade de informação, precisamente sobre um tal domínio. É do âmbito da teoria formular modelos com base nesta informação, e fornecer uma compreensão dos princípios da arquitectura molecular. A explanação de tais princípios define a parte inicial desta obra que de seguida se preocupa em mostrar quão naturalmente deles deriva muito do conhecimento recente sobre ângulos e números de valência. Os cálculos detalhados exigiriam a introdução da elaborada matemática dos métodos computacionais, mas felizmente a matemática necessária à compreensão da argumentação presente neste livro é extremamente reduzida. A razão de tal resulta do facto de ser possível uma apresentação descritiva, por vezes com recurso a ilustrações, destes argumentos que se tornam assim de fácil apreensão para qualquer interessado em disfrutar os prazeres da química. O livro descreve a mecânica quântica necessária, e prossegue então com a discussão das moléculas diatómicas e depois das moléculas poliatómicas. O Capítulo 4 apresenta uma revisão do conceito de valência, discutindo o comportamento a esperar de cada grupo da classificação periódica. Finalmente no Capítulo 5 consideram-se sucintamente as extensões do conceito original de ligação que se afirmam presentemente como necessárias. A apreensão de uma sistematização a partir de uma massa de factos constitui sempre motivo de exultação. A classificação periódica definiu um dos expoentes de uma tal ordenação. A sua sucessora — a valência química — é de igual âmbito em extensão e (ousaremos afirmá-lo?) não menos exultante.

C. A. Coulson

Julho de 1972

Índice Geral

1. INTRODUÇÃO: O «TAMANHO» E A «FORMA» DE UMA MOLÉCULA   11
   Forma e tamanho. Orbitais atómicas. O princípio de preenchimento. O papel da energia na determinação do tamanho e forma. O princípio quanto-mecânico: o hamiltoniano. O método variacional. A formulação de Ritz para o princípio de Rayleigh.

2. MOLÉCULAS DIATÓMICAS   33
   Os modelos átomo-unido e átomo-separado. A função de onda de Heitler-London para H_2. Refinamentos possíveis nas funções de onda tipo Heitler-London. Distribuição de carga. O factor spin. Moléculas diatómicas homonucleares. O princípio da sobreposição máxima. Moléculas diatómicas heteronucleares. O método das orbitais moleculares: H_2. Moléculas diatómicas homonucleares. Energias de ionização. Moléculas diatómicas heteronucleares. Distribuição de carga. Exercícios.

3. MOLÉCULAS POLIATÓMICAS   77
   Propriedades da ligação química. Hibridização. O metano. O estado de valência. Ligações duplas e triplas nos compostos de carbono. Ligações curvas; tensão. Vantagens e desvantagens da hibridização. Diferentes tipos de hibridização. Exercícios.

4. REGRAS DA VALÊNCIA   103
   Regras da valência — considerações prembulares. O grupo 1: metais alcalinos. Os átomos dos elementos do grupo 7: os halogénios. Átomos do grupo 6. Átomos do grupo 5. Átomos do grupo 4. Átomos do grupo 8: os gases nobres. Exercícios.

5. LIGAÇÕES DESLOCALIZADAS   127
   A ligação policêntrica. O diborano. Os diagramas de Walsh. O benzeno e o mundo das moléculas aromáticas.

BIBLIOGRAFIA COMPLEMENTAR   145

ÍNDICE ALFABÉTICO   149

1. Introdução: o tamanho e a forma de uma molécula

Tamanho e forma

Em 1858 A. S. Couper (1831-1892) introduziu o símbolo que é hoje universalmente utilizado para uma ligação simples (e. g. H—Cl, embora ele usasse por vezes uma linha ponteada como na representação, H...Cl). Três anos mais tarde um outro químico escocês, Crum Brown (1838-1922) utilizou um duplo traço na sua fórmula para o etileno ($CH_2 = CH_2$); e aproximadamente na mesma altura Erlenmeyer usou o triplo traço para o acetileno ($HC \equiv CH$). Desde essa época que uma larga parte do esforço químico tem sido devotada à compreensão das implicações de tais símbolos. Pois que imediatamente após a escrita de uma fórmula, como por exemplo H—O—H para a água, surge imperativa a questão da discussão das relações geométricas associadas aos dois segmentos de recta adjacentes. O famoso artigo de Couper de 1858 no *The Edinburgh New Philosophical Journal* constituíu de facto a primeira apresentação na literatura do que hoje denominaríamos uma fórmula «estrutural» *. O seu

---

* Acidentalmente, uma versão francesa do artigo de Couper foi publicada algumas semanas após o aparecimento de um artigo algo semelhante de F. A. Kekulé (1829-1896). Ambos os autores discutiam a tetravalência do carbono, mas apenas Couper usou o segmento de recta como símbolo para uma ligação.

trabalho incentivou o russo A. M. Butlerov (1828-1886) a proferir uma conferência em 1861 subordinada ao título «A estrutura química dos compostos» e a introduzir assim a palavra «estrutura» para englobar as ideias de tamanho e forma. Em 1865 modelos análogos aos actuais de bolas de bilhar e molas helicoidais, foram utilizadas por Hofmann numa conferência proferida na «Royal Instititution». O livro de Butlerov sobre química orgânica publicado em 1864 e o de Kekulé em 1865 completaram o trabalho. Estudos estruturais iriam ocupar uma parte de importância crescente em praticamente todos os domínios da química.

A química estrutural ocupa-se da valência — porque é que os átomos se combinam em proporções definidas, e como é que tal facto se encontra relacionado com direcções de ligação e comprimentos das ligações. Na sua forma mais simples a questão pode formular-se: o que se significa ao falar numa ligação química? Ocupar-nos-emos por conseguinte de assuntos tais como tamanho e forma. Contudo teremos de ser cuidadosos ao falar de tamanho e forma. Pois que poderemos estar a referir-nos às posições dos núcleos, ou poderemos estar a considerar a distribuição da carga electrónica. Os núcleos estão sempre a vibrar, dado que mesmo no zero absoluto de temperatura termodinâmica não podem nunca excluir o seu movimento de ponto-zero. Contudo, tais amplitudes vibracionais raramente excedem cerca de 0.01 nm (um décimo de um ångström), enquanto os comprimentos das ligações se situam na zona 0.1 a 0.3 nm (1 a 3 Å) de modo que praticamente para todas as considerações estruturais podemos pensar nos núcleos em termos das suas posições médias. Os electrões, por outro lado, são preferencialmente visualizados em termos de uma nuvem de carga, cuja densidade varia de local para local, e vem determinada pela função de onda (a considerar posteriormente). A forma de uma ligação, por conseguinte, é realmente a forma desta nuvem de carga — mais precisamente, aquela parte da nuvem de carga global que podemos associar com a ligação. Experimentalmente as posições dos núcleos determinam-se a partir dum estudo dos espectros de vibração--rotação, que permite obter três momentos principais de inércia, ou, utilizando a difracção neutrónica. Nesta última técnica um feixe homogéneo de neutrões é difundido pela molécula: neste processo de dispersão os núcleos desempenham o papel predominante. Os detalhes da distribuição da nuvem de carga obtêm-se por estudos de difusão de raios X, pois que os raios X são preferencialmente dispersos pelos electrões; e a partir de medições de intensidade para vários ângulos de difusão é possível inferir a densidade de carga do dispersor. A difusão de raios X é usualmente limitada a sólidos regulares, *i. e.*, cristais. Na fase gasosa utiliza-se em sua substituição a difracção electrónica. Em circunstâncias particulares, as técnicas de ressonância de spin electrónico, ou técnicas que fazem uso do acoplamento entre dois spins nucleares (*e. g.* de dois átomos de hidrogénio) que depende da distância internuclear, podem fornecer informação adicional. No restante desde livro far-se-á livremente uso dos resultados experimentais obtidos por um ou outro destes métodos. Duas publicações da «Chemical Society» (Sutton 1958, 1965) fornecem um excelente sumário das determinações experimentais *.

---

* A utilização da difracção de neutrões, raios X, e electrões vem discutida por J. Wormald em *Diffraction methods* (OCS 10). A ressonância de spin electrónico e a ressonância magnética nuclear, são descritas por K. A. McLauchan em *Magnetic Resonance* (OCS1).

O método mais familiar para a representação dos detalhes da nuvem de carga é mediante um diagrama de contornos. A Fig. 1 apresenta um tal diagrama para o antraceno. Cada contorno liga pontos no plano molecular

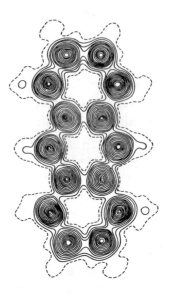

FIG. 1. Contornos de densidade electrónica para o antraceno determinados por métodos de raios X. (*Endeavour* **25**, 129 (1969), por amabilidade de G. E. Bacon).

para as quais a densidade de carga total assume o mesmo valor. Surgem picos óbvios nas posições dos catorze núcleos de carbono, a partir dos quais se poderão inferir as distâncias internucleares (*i. e.*, comprimentos de ligações). Observar-se-á que neste diagrama as posições dos átomos de hidrogénio não surgem praticamente definidas. Tal resulta do facto de um átomo de hidrogénio apresentar apenas um electrão, situação a comparar com seis electrões por átomo de carbono: assim a intensidade de raios X difundidos por esta parte da molécula é pequena, o que determina uma larga incerteza na posição. Se contudo usarmos neutrões, a situação torna-se bastante diferente como evidencia a Fig. 2 para o caso do benzeno, e as posições dos núcleos

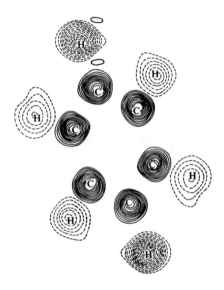

FIG. 2. Contornos de densidade nuclear para o benzeno determinados por métodos neutrónicos. (*Endeavour* 25, 129 (1969), por amabilidade de G. E. Bacon). Uma densidade maior para os núcleos de hidrogénio situados nos topos superior e inferior resulta do facto de, nesta projecção, surgir uma quase sobreposição de protões de duas moléculas nestas duas posições.

de hidrogénio surgem agora claramente definidas. Um estudo completo do tamanho e forma vem por conseguinte muito melhorado se pudermos utilizar ambos os métodos de difracção no estudo da molécula escolhida.

Orbitais atómicas *

Como as moléculas são constituídas por átomos é importante recordarmos primeiramente alguma da informação conhecida sobre tais entidades. E é também de sublinhar que pelo facto do sistema atómico ser dominado pela presença de apenas um núcleo tal nos permite uma série de simplificações, que já não são possíveis para uma molécula, possibilitando assim a realização de cálculos teóricos de elevada exactidão para os sistemas atómicos. Destes, o mais simples e simultaneamente o mais fácil de visualizar é o modelo orbital. Neste modelo atribuímos cada electrão a uma orbital, ou «função de onda pessoal», introduzindo subsequentemente a indistinguibilidade electrónica mediante um arranjo adequado (antissimetrização) da função de onda atómica total. Para qualquer orbital, ϕ, que consideremos, surgirá uma escolha entre duas orientações de spin conduzindo às duas orbitais-spin $\phi\alpha$ e $\phi\beta$. Para um átomo estas orbitais poderão considerar-se como tendo as mesmas características de simetria que teria um único electrão em torno dum núcleo, como no hidrogénio atómico. Como é usual na teoria quântica cada propriedade de simetria vem descrita por um número quântico apropriado. Assim temos orbitais atómicas (designação que quando conveniente será abreviada para a sigla OA) para as quais o número quântico de momento angular $l = 0, 1, 2, \dots$. Tais orbitais serão designadas por orbitais s, p, d, ..., respectivamente. Todas as orbitais s apresentam simetria esférica, e excluindo o hidrogénio possuem energias diferentes de todas as outras

---

* Mais pormenores poderão encontrar-se no livro do autor, «Valence», capítulo 2.

orbitais atómicas. As orbitais p apresentam um forte carácter direccional e será por conseguinte de prever que desempenhem um papel fundamental no comportamento estereoquímico. São todas triplamente degeneradas, e usando uma notação de óbvia significação, pode ser-lhes atribuído um subscrito resultando assim a notação: p_x, p_y, p_z. As orbitais d, de importância tão marcada nos metais de transição, apresentam uma degenerescência de grau cinco. A escolha mais corrente de cinco orbitais atómicas independentes é a seguinte:

$$d_{xy} = xyf(r), \quad d_{yz} = yzf(r), \quad d_{zx} = xzf(r),$$
$$d_{x^2-y^2} = \tfrac{1}{2}(x^2-y^2)f(r), \quad d_{z^2} = \sqrt{(\tfrac{1}{12})} \cdot (3z^2-r^2)f(r), \tag{1}$$

onde $f(r)$ representa a mesma função de r em todos os casos; e se d_{xy} está normalizada, isto é, se é $\int d_{xy}^2 d\tau = 1$, então todas as outras o estarão. A explanação da forma curiosa de d_{z^2} é a de que, mediante esta escolha, todas as cinco orbitais d são mutuamente ortogonais, *i. e.*, o integral do produto de quaisquer duas delas, estendido a todo o espaço, é identicamente zero. Uma tal ortogonalidade torna-se necessária se pretendemos falar significativamente acerca delas em separado, dado que se duas orbitais não são ortogonais podemos dizer que qualquer delas «contém» parte da outra. A Fig. 3 apresenta o aspecto destas orbitais atómicas, e o processo pelo qual são frequentemente representadas de um modo esquemático.

Às designações s, p, d, ... que descrevem a forma de uma OA teremos que adicionar o número quântico total, ou principal, *n*, que descreve a sequência em qualquer grupo angular, e determina o tamanho. Assim em termos da energia 1s < 2s < 3s < ..., 2p < 3p < ..., 3d < 4d < ....

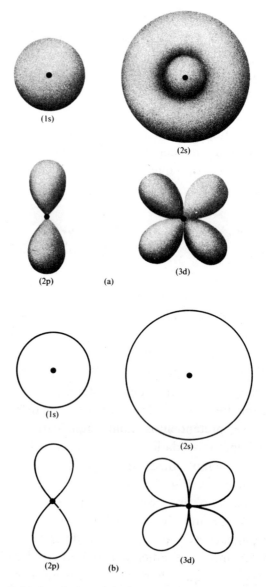

FIG. 3. Orbitais atómicas. (*a*) Representação de nuvem-de-carga. (*b*) Representação esquemática.

Orbitais com $n = 1, 2, 3, \ldots$ definem as camadas K, L, M, N, ... do átomo.

Será de reconhecer que a descrição anterior define o cerne da classificação periódica dos elementos. Mas para tal tornar bem claro dever-se-á descrever o princípio aufbau (designação alemã para "preenchimento"). Posteriormente verificaremos que tal princípio se revela tão útil para as moléculas como se revelou para os átomos.

O princípio aufbau *

Com cada orbital atómica podemos associar um valor de energia. Tal refere-nos a energia necessária à remoção, *i. e.* à ionização, de um electrão de tal orbital. A sequência de energias orbitais é então, num átomo típico,

$$1s < 2s < 2p < 3s < 3p < 4s \sim 3d < 4p \ldots \quad (2)$$

A energia da orbital 3d situa-se por vezes abaixo da energia da 4s, especialmente na parte terminal da primeira série dos metais de transição; igualmente a 4d situa-se abaixo da 5s na parte final da segunda série de transição. Os átomos monoelectrónicos de H, He^+, Li^{2+}, ... são excepções à sequência (2) pelo facto de para estes, e apenas para estes, as orbitais atómicas 2s e 2p serem degeneradas, como o são igualmente as orbitais 3s, 3p, e 3d.

---

* O processo segundo o qual o princípio aufbau determina as propriedades dos átomos, e por conseguinte a química dos elementos, vem descrito por R. J. Puddephatt em *The Periodic Table of the Elements* (OCS 3). [Versão portuguesa: «O Quadro Periódico dos Elementos», edição da Livraria Almedina, Coimbra].

Podemos representar a sequência (2) mediante um diagrama (Fig. 4), no qual cada traço horizontal representa uma orbital. Como temos de considerar o spin electrónico, então cada linha horizontal pode acomodar dois electrões.

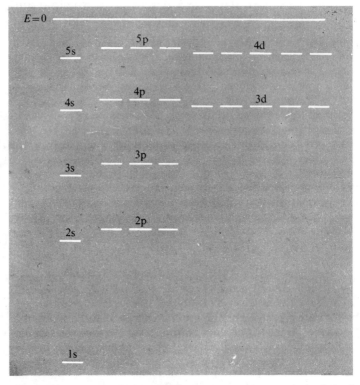

FIG. 4. Diagrama de energias orbitais para os átomos. Cada linha horizontal (ou orbital) pode acomodar um máximo de dois electrões.

Podemos iniciar um processo de preenchimento das orbitais por ordem crescente de energias, atribuindo electrões, dois de cada vez, até termos colocado todos os electrões. É o princípio aufbau ou de preenchimento electrónico dos sistemas atómicos. Seguem-se alguns exemplos para os estados base dos átomos de menor massa:

H (1s)	^{2}S	C $(1s)^2(2s)^2(2p_x)(2p_y)$	^{3}P
He $(1s)^2$	^{1}S	N $(1s)^2(2s)^2(2p_x)(2p_y)(2p_z)$	^{4}S
Li $(1s)^2(2s)$	^{2}S	O $(1s)^2(2s)^2(2p_x)(2p_y)(2p_z)^2$	^{3}P
Be $(1s)^2(2s)^2$	^{1}S	F $(1s)^2(2s)^2(2p_x)(2p_y)^2(2p_z)^2$	^{2}P
B $(1s)^2(2s)^2(2p_z)$	^{2}P	Ne $(1s)^2(2s)^2(2p_x)^2(2p_y)^2(2p_z)^2$	^{1}S
		Na (K)(L)(3s)	^{2}S

Os primeiros cinco elementos não apresentam problemas de preenchimento, com a excepção do boro onde o electrão desemparelhado se pode situar em qualquer das três orbitais atómicas equivalentes 2p. É corrente em tais casos denominá-la de OA $2p_z$. Com o carbono, onde temos dois electrões para serem distribuídos em uma ou mais das orbitais degeneradas 2p, não podemos nesta altura decidir se os colocamos ambos na mesma orbital, com spins opostos, ou em orbitais diferentes, com spins opostos ou paralelos. Esta questão vem-nos resolvida pelas regras de Hund, que afirmam:

(i) com orbitais degeneradas ou quase degeneradas, os electrões têm tendência a ocupar orbitais atómicas diferentes, e não uma mesma OA, dado que assim conseguem um afastamento mútuo máximo, e reduzem a repulsão mútua;

(ii) com orbitais degeneradas, ou quase degeneradas, os electrões em orbitais atómicas diferentes têm tendência a manter os spins paralelos, pois que tal situação favorece a interacção de permuta.

Mediante o recurso a estas regras verificamos que se determinam facilmente as configurações de menor energia, para o C, N, O, e F. Com o neon completa-se a camada L, e o sódio, com uma configuração electrónica semelhante à do lítio, inicia a camada M. Tudo isto é muito familiar, mas teremos ocasião de verificar que muito deste mesmo tipo de discussão é igualmente válido para as moléculas.

O papel da energia na determinação do tamanho e da forma

Verifica-se experimentalmente que a molécula de água, H_2O, é de forma triangular, com um ângulo de valência de $104\frac{1}{2}°$, mas que o dióxido de carbono, CO_2, é linear. A maneira mais simples de explicar estes factos é afirmar que se escolhermos diferentes posições para os três átomos, e calcularmos então a energia dos electrões, encontramos um mínimo no valor da energia para a forma triangular no caso de H_2O, enquanto que o mínimo surge para a configuração linear no caso de CO_2. Assim verificamos que questões de forma molecular são na verdade problemas de energia molecular. Igualmente o é a questão do comprimento da ligação. A energia total de H_2O é mínima se, além de um ângulo de valência de $104\frac{1}{2}°$, o comprimento das duas ligações for igual, e tiver um valor de 0.096 nm (0.96 Å). Isto significa que o tamanho e a forma globais de uma molécula são determinados pela energia total. Este assunto terá pois de ser objecto de cuidadoso estudo em capítulos posteriores, pois que as regras da valência convencionais são simplesmente regras resultantes do processo pelo qual a energia molecular varia em função do número e das posições dos vários átomos.

Mas porquê considerar apenas o movimento electrónico? Quando escrevemos a equação de onda para a molécula deverão surgir nela termos que correspondem ao movimento, ou energia cinética, dos núcleos bem como dos electrões. Introduzimos aqui um importante princípio obtido primeiramente por Born e Oppenheimer, e conhecido como a *aproximação de Born-Oppenheimer*. Vamos exemplificá-la considerando o caso particular do hidrogénio molecular.

Utilizando a notação da Fig. 5 a equação de onda escreve-se $H\psi = E\psi$, onde H é o operador diferencial *

$$H \equiv -\frac{h^2}{8\pi^2 m}(\nabla_1^2 + \nabla_2^2) - \frac{h^2}{8\pi^2 M}(\nabla_a^2 + \nabla_b^2)$$
$$-\frac{e^2}{4\pi\varepsilon_0}\left(\frac{1}{r_{a1}} + \frac{1}{r_{a2}} + \frac{1}{r_{b1}} + \frac{1}{r_{b2}} - \frac{1}{r_{12}} - \frac{1}{R}\right) \quad (3)$$

Os primeiros dois termos descrevem a energia cinética dos electrões, e envolvem a massa electrónica m; os dois termos seguintes descrevem a energia cinética dos núcleos, e envolvem a massa nuclear M; os termos restantes descrevem as atracções electrão-núcleo e as repulsões electrão--electrão e núcleo-núcleo, e representam colectivamente a energia potencial total. Será de notar que pelo facto de estarmos a utilizar unidades SI a energia potencial mútua de duas cargas vem expressa por $e_1 e_2 / 4\pi\varepsilon_0 r$ e não, como no sistema electrostático CGS, por $e_1 e_2$. Mais detalhes sobre este assunto surgem na segunda face interior da capa. Mas é $M \gg m$, pois que no caso mais desfavorável, onde M representa a massa do protão, o quociente é cerca de 1840. Não surge pois como surpresa o facto de que os termos na equação (3) que envolvam $1/M$ possam desprezar-se em comparação com os termos em que intervém $1/m$. Este facto, que se pode justificar com maior rigor, é equivalente a afirmarmos que praticamente podemos separar completamente a energia cinética resultante do movimento nuclear

---

* O símbolo ∇^2 é o Laplaciano. Representa $\partial^2/\partial x^2 + \partial^2/\partial y^2 + \partial^2/\partial z^2$ e os subscritos 1, 2, a, b identificam a partícula (electrão ou protão) cujas coordenadas estão a ser consideradas na derivação. Para um estudo mais detalhado consultar «Valence», Capítulo 3.

da energia electrónica. Podemos falar com propriedade da energia electrónica correspondente a qualquer distância internuclear R. Por este processo obtemos a familiar «curva de energia potencial» para uma molécula diatómica, como diagramaticamente se mostra na Fig. 6. Se pretendemos explicar porque é que dois átomos de hidrogénio formam uma molécula diatómica estável H_2, teremos de ser capazes de calcular uma curva semelhante à da figura, e usá-la para inferir a distância internuclear de equilíbrio R_e e a energia de dissociação D_e.

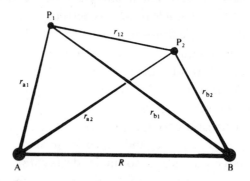

FIG. 5. Notação para a molécula de hidrogénio H_2. A e B representam núcleos; P_1, P_2 representam os electrões.

Para as moléculas poliatómicas existem mais coordenadas internas do que a simples distância internuclear, como no H_2. Por exemplo, num hipotético complexo H_3 de três átomos de hidrogénio, deveríamos ter uma superfície de energia na qual a energia molecular seria função de dois comprimentos de ligação e de um ângulo de valência (ou, se preferirmos de três comprimentos de ligação — distâncias internucleares: mas para muitos objectivos revela-se útil

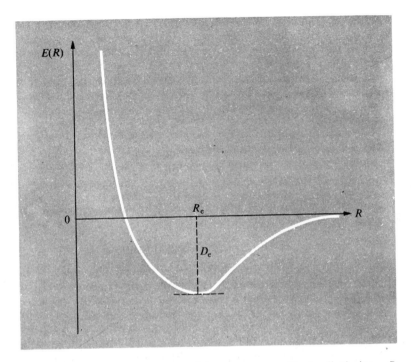

FIG. 6. Curva de energia potencial para uma molécula diatómica. R_e representa a distância internuclear de equilíbrio, D_e representa a energia de dissociação, sem tomarmos em consideração a energia vibracional de ponto-zero.

manter ângulos de valência sempre que possível). Então, para mostrar que não seria viável a formação de uma molécula H_3 estável, tudo o que seria necessário, seria provar que tal superfície de energia potencial não apresentava um mínimo como o presente na Fig. 6. Assumindo que os cálculos realizados eram suficientemente exactos, tal garantir-nos-ia a não existência de um estado estável para H_3.

Por um processo análogo temos de demonstrar que o metano, CH_4, é uma molécula tetraédrica provando que o valor mínimo da energia molecular total surge quando os quatro átomos de hidrogénio se encontram tetraedricamente orientados em torno do átomo de carbono central.

Assim, a importância da aproximação de Born-Oppenheimer é muito considerável. *É uma aproximação.* Mas felizmente as correcções necessárias para a ultrapassar são na verdade tão pequenas que as podemos seguramente ignorar em qualquer teoria da valência *.

O princípio quanto-mecânico: o Hamiltoniano

O restante deste capítulo será destinado a um breve resumé das secções da mecânica ondulatória que serão necessárias posteriormente. Felizmente tal não é muito extenso.

Não é difícil escrever com exactidão a equação de onda de Schrödinger para um dado problema. Num processo extremamente importante e elegante escrevemo-la

$$H\psi = E\psi$$

onde o Hamiltoniano H é meramente a transcrição quanto-mecânica das energias cinética mais potencial de todas as partes constituintes do sistema. A energia potencial não apresenta problemas dado que, na ausência de quaisquer campos eléctricos ou magnéticos externos, é simplesmente a soma de todas as interacções coulombianas entre cada par

---

* No caso de H_2^+ o erro é de apenas 720 J mol^{-1} (0.0075 eV) enquanto a energia de dissociação tem o valor de 266 kJ mol^{-1} (2.77 eV); a relação destes valores é cerca de 370:1.

de cargas, positivas e negativas. Assim obtemos uma adição de termos do tipo $e_i.e_j/4\pi\varepsilon_0 r_{ij}$, onde r_{ij} representa a distância entre as cargas pontuais e_i e e_j. A energia cinética é a soma das energias cinéticas de cada partícula. Uma massa m_i no ponto (x_i, y_i, z_i) contribui portanto com $-(h^2/8\pi^2 m)\nabla_i^2$, onde é $\nabla_i^2 \equiv \partial^2/\partial x_i^2 + \partial^2/\partial y_i^2 + \partial^2/\partial z_i^2$. É este o processo de obtenção de H, não importa quantas partículas constituam o sistema. O exemplo (3) na pág. 23 é um caso particular onde temos dois núcleos e dois electrões. Felizmente, contudo, como vimos, a aproximação de Born-Oppenheimer permite-nos ignorar os termos relativos à energia cinética nuclear. Daqui por diante, por conseguinte, usaremos H no sentido restrito de implicar apenas a parte que resta do Hamiltoniano total quando tais termos são omitidos.

O método variacional

É evidente que esta equação de onda embora fácil de escrever, se torna de uma dificuldade impossível para resolver exactamente. Na verdade, apenas no caso de um electrão e um máximo de dois núcleos tal é viável. Tal situação força-nos à utilização de aproximações. Será importante recordar que não estamos apenas a tentar resolver a equação de derivadas parciais apropriada ao problema, estamos a tentar obter os valores da energia E^* para os quais existem soluções fisicamente aceitáveis da equação. Para este propósito uma ou outra forma do método variacional, originalmente desenvolvido «circa» 1880 por Lord Rayleigh, e por

---

* Estes são os denominados *valores próprios* ou *característicos* de H; as correspondentes Ψ são as *funções próprias* ou *características*.

conseguinte frequentemente referido por princípio de Rayleigh, é invariavelmente utilizado.

Após multiplicação de ambos os membros da equação de onda $H\psi = E\psi$ por ψ^* (ψ^* é o complexo conjugado de ψ: se ψ é real, como é frequentemente o caso neste livro, $\psi^* \equiv \psi$) e integrando, resulta a expressão

$$E = \int \psi^* H\psi \, d\tau \bigg/ \int \psi^*\psi \, d\tau, \qquad (4)$$

onde $d\tau$ implica que a integração diz respeito a todas as coordenadas envolvidas no problema, incluindo spins. A equação (4) não é de muita utilidade na sua forma presente dado que para a usar na obtenção de E seria necessário o conhecimento de ψ: e uma vez conhecido ψ seria mais imediato o uso da equação $H\psi = E\psi$ para a determinação de E. Lord Rayleigh mostrou contudo que mesmo que não conheçamos a verdadeira função ψ podemos mesmo em tais condições fazer alguns progressos. Vamos introduzir uma função ψ «de tentativa», a qual terá uma pequena probabilidade de coincidir com a verdadeira função própria; e vamos utilizar a equação (4) para definir o *quociente de Rayleigh* $y\{\psi\}$ mediante a relação:

$$y\{\psi\} = \int \psi^* H\psi \, d\tau \bigg/ \int \psi^*\psi \, d\tau. \qquad (5)$$

Escrevemos o primeiro membro da equação $y\{\psi\}$ para mostrar que o valor do quociente de Rayleigh, que certamente tem as dimensões de energia, será dependente da *função de ensaio* ψ que escolhemos. A importante propriedade de $y\{\psi\}$ é a de que para o estado base do sistema *

---

* E, de facto, para o estado de menor energia de qualquer simetria. Este não coincide necessariamente com o estado base do sistema.

$y\{\psi\} \gg E_0$, onde E_0, representa a verdadeira energia do estado base. Ensaiando várias funções ψ e seleccionando então aquela que resulta no menor valor para $y\{\psi\}$ obtemos a melhor aproximação para a verdadeira energia e verdadeira função de onda. Se surgirem dúvidas sobre se realmente conseguimos o melhor possível, podemos sempre ensaiar uma ou duas novas funções de ensaio possivelmente de novas classes de funções. Se delas resultar um valor inferior para $y\{\psi\}$ estamos a melhorar a situação relativamente aos resultados prévios: de outro modo não estamos, em geral, a introduzir melhoria significante.

É um processo extremamente moroso o ensaio de muitas funções ψ diferentes. A técnica corrente é então a de incluir na estrutura da função de ensaio um certo grau de flexibilidade. Tal surge normalmente sob a forma de um ou mais parâmetros c_1, c_2, ..., c_n. Por este processo $y\{\psi\}$ torna-se função destes parâmetros. Os valores dos parâmetros escolhem-se então de modo a tornarem y estacionário (mínimo). Temos de determinar valores para c_1, c_2, ... de modo que $\partial y/\partial c_1 = 0 = \partial y/\partial c_2 = ...$. Pode demonstrar-se que quanto maior for o número de parâmetros incluídos mais aperfeiçoado vem o resultado, de modo que a opção situa-se entre um acréscimo de trabalho numérico resultando em melhores E e ψ, ou menos trabalho numérico com uma consequente perda na qualidade dos E e ψ obtidos. Felizmente, como teremos ocasião de verificar em capítulos posteriores, para os objectivos da compreensão da forma e do tamanho moleculares, normalmente são apenas necessários dois ou três de tais parâmetros variáveis.

Um exemplo auxiliará na compreensão do funcionamento do método. Consideremos o estado base do átomo de hélio. Com a notação da Fig. 7, vem o Hamiltoniano,

$$H = -\frac{h^2}{8\pi^2 m}(\nabla_1^2 + \nabla_2^2) - \frac{e^2}{4\pi\varepsilon_0}\left(\frac{2}{r_1} + \frac{2}{r_2} - \frac{1}{r_{12}}\right).$$

O princípio aufbau da pág. 19 sugere-nos que dado ser a descrição orbital $(1s)^2$ será de ensaiar uma função de onda da forma

$$\psi(1,2) = e^{-cr_1} \times e^{-cr_2}$$

O parâmetro c determinará o tamanho das orbitais atómicas, que são do tipo hidrogenóide. Alternativamente poderíamos interpretar esta expressão afirmando que cada electrão parece mover-se independentemente do outro electrão no campo de uma carga central com um valor de ca_0 unidades de carga, onde a_0 representa o raio da primeira órbita de Bohr (ver face interior da capa terminal). Agora teremos de calcular $y\{\psi\}$. Será simplesmente uma função do parâmetro variável c. Um cálculo detalhado* mostra ser

$$y\{\psi\} = (c^2 a_0^2 - \tfrac{27}{8} c a_0) \times e^2/4\pi\varepsilon_0 a_0.$$

Esta expressão apresenta um mínimo para $dy/dc = 0$, i. e., $c = 27/16 a_0$. A energia correspondente é de $-2.848 \times e^2/4\pi\varepsilon_0 a_0$, a comparar com o valor experimental de $-2.904 \times e^2/4\pi\varepsilon_0 a_0$. A concordância é na verdade bastante boa. A função de onda para cada electrão obtida por este

---

* Consultar e.g. Eyring, H., Walter, J., and Kimball, G. E. (1944), *Quantum Chemistry*, Wiley, Capítulo 7.

processo é conhecida pela designação de orbital tipo-Slater (OTS). Existem regras gerais *, e largamente utilizadas, para a obtenção de generalizações deste tipo de orbitais atómicas, para os átomos mais mássicos.

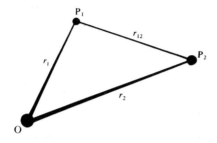

FIG. 7. Notação para o átomo de hélio. P_1 e P_2 representam os dois electrões; O, representa o núcleo, considerado fixo (origem das coordenadas).

A forma de Ritz do princípio de Rayleigh

Em 1908 o jovem matemático Ritz mostrou que o método de Rayleigh poderia exprimir-se de uma forma extremamente simples se os parâmetros variáveis nas funções de ensaio surgissem linearmente, como múltiplos de um conjunto de funções seleccionadas, ou conjunto base. Escrevemos então:

$$\psi = c_1\phi_1 + c_2\phi_2 + \ldots + c_n\phi_n, \qquad (6)$$

onde o conjunto base $\phi_1,\ldots,\phi_n$ se selecciona inicialmente, e apenas variamos os parâmetros $c_1,\ldots,c_n$. A vantagem deste tipo de expansão é a de que conduz** a um conjunto

---

* Consultar e. g. *Valence*, Capítulo 2, p. 8.
** *Valence*, Capítulo 3, Secção 8.

muito simples de equações lineares envolvendo os coeficientes. Eliminando os c's obtemos um determinante secular cujas soluções são os pretendidos valores aproximados para as n mais baixas energias. A técnica revela-se de tão fácil adaptação a cálculos por computador que é praticamente de aplicação universal nos cálculos actuais. Além disso adequa-se extremamente bem aos problemas em química dado que temos inteira liberdade na escolha do conjunto de funções base ϕ_r. Numa qualquer situação concreta naturalmente que faremos o máximo de uso possível das ideias intuitivas da química, e seleccionaremos como conjuntos base aquelas funções que englobem as características que admitimos estarem presentes nas situações reais. Faremos uso repetido destas ideias em capítulos posteriores. Assim o desenvolvimento da ressonância covalente-iónica no Capítulo 2, e a expansão das orbitais moleculares em termos de orbitais atómicas nos Capítulos 3 e 5, são apenas dois exemplos desta utilização do método de Rayleigh-Ritz.

2. Moléculas diatómicas

Os modelos átomo-separado e átomo-unificado

Consideremos a aproximação de dois átomos inicialmente bastante afastados. Admitindo que da união destes resulta uma molécula diatómica estável obtemos uma curva de energia potencial (EP) do tipo representado na Fig. 8. Revela-se conveniente a divisão desta curva em três regiões, das quais, a central, corresponde à verdadeira situação molecular. Verificar-se-á que a aproximação desta região central a partir de uma ou outra das regiões extremas, conduz a dois tipos distintos de funções de onda aproximadas.

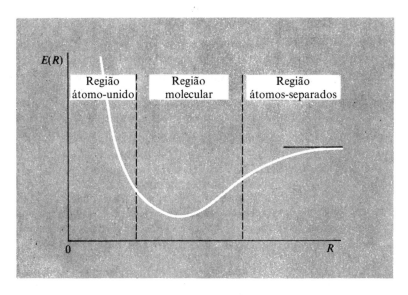

FIG. 8. As regiões correspondentes às situações átomo-unificado e átomos-separados; a região intermédia corresponde à verdadeira região molecular.

Quando os núcleos se encontram muito distanciados falamos da região de átomos separados. Aqui os átomos mantêm muitas das suas características individuais, embora evidentemente experimentem uma perturbação, ou polarização electrostática mútua. A quantificação nesta região é essencialmente atómica. No outro extremo, quando os núcleos estão muito próximos, o sistema conjunto assemelha-se agora a um único átomo unificado. A quantificação nesta região é a quantificação característica de um só centro. Qualquer das situações extremas consideradas, nos permite a formulação de um modelo para a situação de quantificação molecular real — a região intermédia. O modelo dos átomos-separados leva-nos à aproximação da ligação de valência, formulada por Heitler e London; o modelo do átomo-unificado conduz-nos à aproximação da orbital-molecular, introduzida por Hund, Mulliken, e Lennard-Jones. Neste capítulo serão consideradas as duas aproximações. Embora consideremos a sua discussão separadamente, verificar-se-á, na parte final do capítulo, que a introdução de refinamentos apropriados na formulação elementar destas teorias leva à sua convergência numa única teoria. Começaremos pela discussão do hidrogénio molecular, sistema que define um protótipo para moléculas diatómicas homonucleares, e para o qual a presença de apenas dois electrões torna viável a execução de cálculos ainda não viáveis para sistemas mais mássicos.

A função de onda de Heitler-London para H_2

Consideremos a situação de átomos-separados da Fig. 8. Se os átomos se encontram suficientemente afastados não surge efectivamente qualquer interacção mútua. Podemos admitir o electrão 1 distribuído em torno do núcleo A e o electrão 2 em torno do núcleo B. Obviamente serão descritos por funções de onda individuais — as funções de onda características de um átomo isolado de hidrogénio no seu estado base. Se designarmos estas duas orbitais atómicas (OA), por ϕ_a e ϕ_b, então não será de estranhar a consideração de uma função de onda composta $\phi_a(1)\phi_b(2)$, onde o símbolo $\phi_a(1)$ implica que é o electrão 1 que se encontra na orbital atómica ϕ_a.

Mas como é que sabemos que é o electrão 1, e não o electrão 2, que se encontra em torno do núcleo A? Os electrões não possuem rótulos que nos permitam a sua identificação. De facto um dos princípios básicos da física moderna afirma a identidade de todos os electrões, isto é, a sua indiscernibilidade. Não há método concebível que permitisse distinguir a função acima escrita $\phi_a(1)\phi_b(2)$ de uma outra $\phi_b(1)\phi_a(2)$, na qual o electrão 1 está agora em torno do núcleo B, e o electrão 2 em torno do núcleo A. Podemos recorrer às ideias discutidas na pág. 31 aquando da descrição da formulação de Ritz para o princípio de Rayleigh, e argumentar que uma função de onda adequada deveria possuir características de ambas estas expressões. Deveríamos então escrever,

$$\psi = c_1 \phi_a(1)\phi_b(2) + c_2 \phi_b(1)\phi_a(1)\phi_a(2),$$

onde os parâmetros c_1 e c_2 seriam parâmetros a determinar pelo princípio variacional. Poderíamos evidentemente desenvolver a argumentação precisamente adentro deste esquema. Mas tal revela-se desnecessário, dado que a equivalência dos dois electrões implica que as duas componentes devem necessariamente desempenhar papéis perfeitamente equivalentes na função de onda final. Como em mecânica quântica as probabilidades resultam do quadrado da função de onda, tal significa que $c_1^2 = c_2^2$. Então $c_1 = \pm c_2$, e surgem duas possíveis combinações. Se não nos preocuparmos nesta altura com a normalização poderemos escrever estas duas combinações,

$$\psi_\pm = \phi_a(1)\phi_b(2) \pm \phi_b(1)\phi_a(2). \tag{7}$$

Estas duas funções são apropriadas para a situação átomos--separados, na qual a distância internuclear R é grande. Mas Heitler e London sugeriram que elas poderiam também ser utilizadas como funções de onda aproximadas na verdadeira região molecular da Fig. 8.

Substituamos por conseguinte $\psi_\pm$ na relação de Rayleigh (5); obteremos duas energias E para cada valor de R. Os cálculos incluem alguns integrais muito difíceis, cujo tratamento matemático teve que aguardar mais um ano após o surgir do artigo original de Heitler e London. No resultado final obtêm-se as duas curvas representadas na Fig. 9.

Esta conclusão é muito satisfatória pois que nos mostra que ψ_+ conduz a uma molécula estável, enquanto para ψ_- tal não se verifica. No primeiro caso estamos em presença de um estado atractivo; no segundo de um estado repulsivo. Sob o ponto de vista da teoria da ligação química estamos pois interessados apenas em ψ_+ e E_+. Excluindo a hipótese de qualquer possível confusão eliminaremos daqui em diante o índice +, e referir-nos-emos simplesmente a ψ e E. A curva $E(R)$ é a aproximação obtida para a verdadeira curva de energia potencial para a molécula. Indica uma distância internuclear de equilíbrio de 0.087 nm (0.87 Å), resultado a comparar com o valor experimentalmente obtido de 0.074 nm (0.74 Å), e uma energia de dissociação D_e

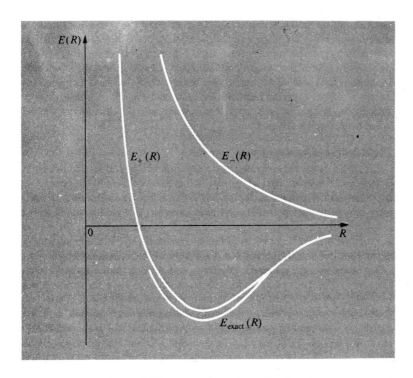

FIG. 9. As energias, $E_{\pm}(R)$, resultantes da aplicação do tratamento de Heitler-London à molécula de hidrogénio, e a energia experimentalmente obtida para o estado base da molécula, $E_{exact}(R)$.

igual a 303 kJ mol^{-1} (3.14 eV), a comparar com o valor experimental de 458 kJ mol^{-1} (4.75 eV)*. Tendo em atenção que estamos a utilizar um tipo de função extremamente simples e efectivamente desprovida de flexibilidade, o resultado é bom.

---

* Utilizam-se unidades SI sempre que apropriado. Os factores de conversão para as anteriores unidades CGS surgem na parte interna da capa.

É sabido que a utilização da relação de Rayleigh conduz sempre a um valor de energia superior ao valor real. Na Fig. 9, a verdadeira curva de energia potencial deve, por conseguinte, situar-se sempre abaixo da curva aproximada, embora à medida que $R \to \infty$ com a dissociação em dois átomos separados, a energia calculada aproxima-se cada vez mais do verdadeiro valor. Em conclusão a curva de energia potencial deve necessariamente apresentar um mínimo; e a energia de dissociação deve ser superior a 303 kJ mol^{-1}.

Chamamos a ψ a função de onda de ligação de valência, ou de par-electrónico. Numa descrição visual consideramos um electrão numa orbital atómica em torno de A e «emparelhamo-lo» com um electrão numa orbital atómica em torno de B. Desta combinação de dois electrões resulta a ligação química. Poderia então argumentar-se que esta função de onda transcreve na terminologia moderna as ideias propostas em 1916 por G. N. Lewis, quando falou de dois electrões como sendo compartilhados pelos núcleos. Esta compartilhação é evidenciada pelo facto de em ψ encontrarmos o electrão 1 por vezes em torno do núcleo A, na forma $\phi_a(1)$, e por vezes em torno de B, na forma $\phi_b(1)$. É esta combinação das duas partes na eq (7) que conduz à curva de energia potencial da Fig. 9. Porque se tivéssemos usado exclusivamente o termo $\phi_a(1)\phi_b(2)$ teríamos obtido uma curva onde seria difícil distinguir qualquer indicação de ligação. A contribuição fundamental de Heitler e London foi a de mostrar a necessidade de considerar ambas as partes. Surge por vezes o argumento de que nas duas partes de ψ os electrões permutaram lugares, e a associada tentação para considerar a permuta electrónica como genuíno fenómeno físico. Trata-se duma perspectiva errada. A função de onda (7) obtém-se para os átomos separados; quando é utilizada para a situação molecular torna-se simplesmente uma de entre muitas funções de ensaio possíveis. É, por conseguinte, um erro a atribuição de significação física a esta permuta. (Não foi ela introduzida, exactamente com base na indistinguibilidade electrónica? Se assim foi, carece de significação operacional a afirmação que dois deles trocaram posições.)

Refinamentos possíveis nas funções de onda de Heitler-London

A função de onda de Heitler-London (7) é a mais simples função deste tipo, e existem literalmente centenas de aperfeiçoamentos, que vários autores têm introduzido com o objectivo de conseguir uma melhor função de onda e um melhor valor para a energia. Dois destes refinamentos merecem ser considerados.

No primeiro relembramos a discussão do hélio atómico presente no Capítulo 1, e o processo pelo qual se introduziu flexibilidade numa função de onda de ensaio mediante um expoente orbital variável na OA. Tal seria de antecipar em bases físicas pois que se um electrão se encontra em P_1 (Fig. 10), experimenta uma força atractiva por parte dos dois núcleos. A resultante tenderá a puxá-lo na direcção do centro da molécula com uma intensidade superior à que resultaria da presença de apenas um núcleo. É verdade que o segundo electrão vai atenuar parcialmente este acréscimo de força atractiva por acção da sua própria repulsão coulombiana no primeiro. Mas o segundo electrão procurará manter-se o mais afastado possível do primeiro, localizando-se em regiões como P_2 situadas no lado oposto da molécula (um fenómeno denominado correlação electrónica). O resultado global é uma maior força atractiva no electrão em P_1.

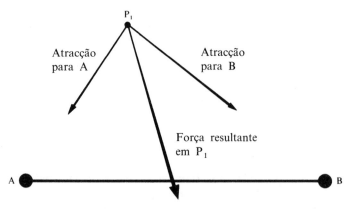

FIG. 10. Ilustração do argumento semi-clássico para mostrar a compressão da nuvem de carga atómica aquando da formação da molécula. A e B representam núcleos atractivos fixos. P_1 e P_2 representam electrões em movimento.

Tal determina a compressão da nuvem de carga, e pode obter-se se utilizarmos uma orbital atómica $\sqrt{(c^3/\pi a_0^3)} \cdot e^{-cr/a_0}$ na qual c difere do valor hidrogénico 1.0, e dever-se-á considerar como um parâmetro variável. De facto resulta que para $R = R_e$, o valor de c é cerca de 1.2, indicando que o «tamanho» da molécula é inferior ao dobro do «tamanho» de um átomo, em concordância com conclusões da teoria cinética dos gases. A energia da ligação vem igualmente melhorada de 303 kJ mol^{-1} (3.14 eV) para 365 kJ mol^{-1} (3.78 eV), e obtém-se um valor para R_e praticamente coincidente com o valor experimental.

O segundo refinamento baseia-se no argumento de que embora para grandes separações nucleares possa ser válido afirmar que os dois electrões estão sempre associados com núcleos diferentes, tal perde validade para as distâncias internucleares moleculares. Surge a possibilidade de ambos os electrões se situarem em torno do núcleo A. Se tal se verificasse, uma função de onda apropriada seria $\phi_a(1)\phi_a(2)$. Mas então surge, como anteriormente, o argumento que também devemos incluir $\phi_b(1)\phi_b(2)$. E mais, estas duas partes devem ter um mesmo peso, por razões de simetria. Finalmente, a correcta combinação de simetria a adicionar a (7) deverá ser $\phi_a(1)\phi_a(2) + \phi_b(1)\phi_b(2)$. O método de Ritz propõe-nos então para função de onda de ensaio

$$\psi = \phi_a(1)\phi_b(2) + \phi_b(1)\phi_a(2) + \lambda\{\phi_a(1)\phi_a(2) + \phi_b(1)\phi_b(2)\} \quad (8)$$
$$= \psi_{cov} + \lambda\psi_{ion}$$

onde ψ_{cov} representa a original função de onda covalente de Heitler-London com igual compartilhação dos dois electrões, e ψ_{ion} representa termos iónicos nos quais ambos os electrões se localizam em torno de um ou do outro núcleo. O parâmetro λ terá de ser determinado pelo método variacional. Na posição de equilíbrio $\lambda \sim \frac{1}{6}$, mostrando que para H_2 estes termos não são muito importantes. O mínimo da curva de energia potencial acusa uma descida, de modo que agora $D_e = 388$ kJ mol^{-1} (4.02 eV). Cada novo aperfeiçoamento nos aproxima do valor real 4.58 kJ mol^{-1} (4.75 eV). Poderíamos prosseguir com estes refinamentos tão longe quanto o desejado, mas verificar-se-ia que se ia tornando cada vez mais difícil descer suficientemente a energia calculada. Contudo, utilizando uma função de onda do tipo Ritz com 100 parcelas Kolos e Wolniewicz * (1968) obtiveram um valor de D_e em completa concordância com o valor experimental.

---

* Kolos, W., e Wolniewicz, L. (1968). *J. Chem.. Phys.* **49**, 404.

Distribuição de carga

Se o desejarmos, podemos usar a nossa função de onda para calcular a densidade de carga electrónica em qualquer ponto da molécula. Assim, consideremos a simples função de Heitler-London $\phi_a(1)\phi_b(2) + \phi_b(1)\phi_a(2)$. Esta função ainda não está normalizada: para a normalizar dividiremos por $\sqrt{\{2(1 + S^2)\}}$, onde S denota o integral de sobreposição $\int\phi_a\phi_b d\tau$. Obtemos,

$$\psi(1,2) = \{\phi_a(1)\phi_b(2) + \phi_b(1)\phi_a(2)\}/\{2(1+S^2)\}^{\frac{1}{2}}.$$

A interpretação correcta desta função de onda normalizada é a de que $\psi^2 d\tau_1 d\tau_2$ representa a probabilidade do electrão 1 se encontrar no elemento de volume $d\tau_1$ e o electrão 2 em $d\tau_2$. Se estamos apenas interessados na densidade da nuvem de carga, $\varrho(1)$, para o electrão 1, argumentamos que $\varrho(1)d\tau_1$ é a soma de todas as probabilidades correspondentes à situação do electrão 1 permanecer localizado em $d\tau_1$ e o electrão 2 se encontrar em todos os possíveis $d\tau_2$. Assim,

$$\rho(1)d\tau_1 = \left[\int \{\psi(1,2)\}^2 d\tau_2\right] d\tau_1,$$

o que nos conduz à expressão,

$$\rho(1) = \frac{\phi_a^2(1) + \phi_b^2(1) + 2S\phi_a(1)\phi_b(1)}{2(1+S^2)}.$$

Como os electrões são indiscerníveis, $\varrho(2)$ para o segundo electrão terá de ter o mesmo valor. De modo que a densidade electrónica total, como seria determinada por uma experiência de raios X, é

$$\rho = \frac{\phi_a^2 + \phi_b^2 + 2S\phi_a\phi_b}{1+S^2}.$$

Revela-se conveniente exprimir este resultado sob a forma de uma soma:

$$\rho = \phi_a^2 + \phi_b^2 + \frac{S}{1+S^2}\Delta,$$

onde

$$\Delta = 2\phi_a\phi_b - S(\phi_a^2 + \phi_b^2).$$

Os primeiros dois termos do segundo membro da equação (9) representam a densidade em qualquer ponto, se simplesmente sobrepusermos os dois átomos separados. O terceiro termo, que será objecto de uma análise posterior, representa então a alteração resultante da formação da ligação.

O diagrama de contornos obtido para ϱ mediante este tipo de análise vem representado na Fig. 11. Os máximos

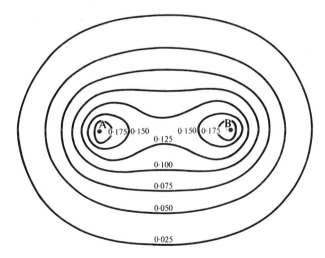

FIG. 11. Contornos de densidade de carga electrónica total para H_2. [A função de onda utilizada é um pouco mais elaborada do que a simples função Heitler-London da expressão (7)]. (Reprodução autorizada do artigo de C. A. Coulson, publicado em *Proc. Camb. phil. Soc.* **34**, 204 1938 .)

da densidade electrónica na vizinhança dos dois núcleos surgem claramente assinalados, e o mesmo se verifica no respeitante a um aumento de carga na região internuclear. O aspecto geral da nuvem de carga, vista «do exterior», surge assim semelhante a um elipsóide de revolução. Esta representação fornece a imagem mais simples da forma e tamanho de uma ligação química.

O factor de spin

Não poderemos concluir este assunto sem referir o momento angular intrínseco do electrão, isto é, o spin electrónico. As funções de onda (7) e (8) incorporam apenas a parte espacial da função de onda completa. Como estamos a tratar um problema de dois electrões pode demonstrar-se que a função de onda completa é o produto de um factor espacial e de um factor de spin. As funções de onda ligantes ψ_+ na equação (7) e ψ na equação (8) são simétricas relativamente à permuta das coordenadas dos dois electrões. Mas sabemos que o princípio de Pauli requer que a função de onda completa seja antissimétrica. Tal pode conseguir-se se a componente de spin for antissimétrica. A única possibilidade é por conseguinte um factor de spin $\alpha(1)\beta(2) - \beta(1)\alpha(2)$. A função de onda completa de Heitler-London deverá então escrever-se,

$$\{\phi_a(1)\phi_b(2) + \phi_b(1)\phi_a(2)\} \times \{\alpha(1)\beta(2) - \beta(1)\alpha(2)\}.$$

Pode demonstrar-se que o factor de spin corresponde a um valor de spin electrónico total, $S = 0$. Assim, é correcto, afirmar-se que os dois electrões que estamos a emparelhar devem ter spins opostos, acoplados ou antiparalelos, como condição necessária à formação da ligação. Novamente ressalta a significância do conceito de G. N. Lewis de uma ligação por par-electrónico. Se tivéssemos usado a função antiligante ψ_- na equação (7) deveríamos reconhecer que ela já é antissimétrica relativamente aos dois electrões. O factor de spin deve por conseguinte ser simétrico. Surgem três possibilidades: $\alpha(1)\alpha(2)$, $\beta(1)\beta(2)$, e $\alpha(1)\beta(2) + \beta(1)\alpha(2)$. Esta situação dá origem a um estado tripleto, dado que ao nível de aproximação que usamos o spin não afecta a energia, e surgem assim três funções de onda degeneradas. Tal pode igualmente concluir-se do facto de os três factores de spin corresponderem a $S = 1$, e então $2S + 1 = 3$.

Como o factor de spin não desempenha qualquer função em todo o restante trabalho descrito neste capítulo, ele não será considerado, e ocupar-nos-emos apenas com a componente espacial da função de onda.

Moléculas diatómicas homonucleares

A descrição geral obtida para H_2 revela-se de fácil generalização a outras moléculas diatómicas homonucleares. A ligação, se se trata de uma ligação simples convencional, será o resultado de um emparelhamento de dois electrões, ocupando inicialmente orbitais atómicas centradas em cada um dos dois núcleos. Os electrões terão spins opostos.

Consideremos a molécula diatómica de lítio, Li_2. Vimos na pág. 21 que a configuração electrónica dum átomo de lítio isolado é $(1s)^2(2s)$. O par de electrões $(1s)^2$ possui já os seus spins emparelhados, não podendo por conseguinte ser utilizado para qualquer outro emparelhamento. De qualquer forma, tratando-se de electrões de camada interna, de electrões do cerne, não intervêm na ligação. A ligação química utiliza então as orbitais atómicas 2s. O emparelhamento dos dois electrões 2s processa-se exactamente nos mesmos moldes que para H_2, não sendo pois necessário o seu tratamento detalhado. Como utilizamos orbitais s podemos referir-nos à ligação como tratando-se de uma ligação s.

Consideremos de seguida o flúor diatómico, F_2. Um átomo isolado de flúor tem por configuração electrónica $(1s)^2(2s)^2(2p_x)^2(2p_y)^2(2p_z)$. Todos os electrões têm os spins emparelhados com excepção de electrões $2p_z$. Teremos assim de utilizar estes na formação da ligação. A função de onda será formalmente idêntica às dos casos H_2 e Li_2, exceptuando o facto de que agora tratar-se-á de uma ligação p. Antes de prosseguirmos revela-se contudo necessária uma consideração mais pormenorizada das relações geométricas entre as orbitais intervenientes na ligação. Tal análise conduzir-nos-á a um princípio da máxima importância.

O princípio da sobreposição máxima

Como anteriormente referido, adentro da aproximação de Heitler-London, a ligação em H_2 resulta da combinação $\phi_a(1)\phi_b(2) + \phi_b(1)\phi_a(2)$. Não resulta da qualquer das duas parcelas se consideradas isoladamente. Isto significa que as duas parcelas «interactuam» fortemente uma com a outra. É natural concluir que a eficiência desta interacção depende do grau de sobreposição das duas orbitais atómicas ϕ_a e ϕ_b. Em linguagem mais rigorosa, é necessário que a sobreposição das duas orbitais atómicas, representada por $S = \int \phi_a \phi_b d\tau$, seja grande. Isto é possível apenas se existirem elementos de volume $d\tau$ nos quais o produto $\phi_a \phi_b$ não seja pequeno: isto só se poderá verificar se nestes elementos de volume

ϕ_a e ϕ_b assumirem ambas valores razoavelmente elevados. Falamos de uma região de sobreposição (Fig. 12) região que não vem rigorosamente definida, pela simples razão de que cada OA em separado não possui uma fronteira rígida,

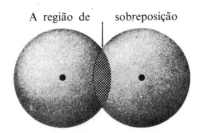

FIG. 12. A região de sobreposição de duas orbitais atómicas s.

como poderia depreender-se dos diagramas, mas extende-se até ao infinito num processo de decrescimento exponencial. Verificar-se-á posteriormente neste capítulo que quando duas orbitais atómicas se sobrepõem surge uma acumulação de carga na região de sobreposição. A grandeza de tal, que vem medida pelo integral de sobreposição S, é uma boa medida do grau de ligação que as duas orbitais atómicas podem proporcionar.

Uma análise matemática mais rigorosa das diferentes contribuições para a energia conduz-nos, precisamente, à mesma conclusão. Se H é o Hamiltoniano, pode demonstrar-se que a diferença entre os valores de energia associados com $\phi_a(1)\phi_b(2)$ e $\phi_a(1)\phi_b(2) + \phi_b(1)\phi_a(2)$ vem dominada pelo integral

$$\frac{\iint \phi_a(1)\phi_b(2) H \phi_b(1)\phi_a(2)\,d\tau_1\,d\tau_2}{1+S^2}.$$

O numerador desta fracção tem um valor elevado apenas se houver regiões do espaço (a região de sobreposição), onde quer ϕ_a quer ϕ_b tenham valores elevados.

Este simples resultado tem uma profunda influência em praticamente todas as propriedades estereoquímicas. Se aproximarmos duas orbitais atómicas 1s então, como cada OA apresenta simetria esférica, é indiferente (Fig. 12) a direcção segundo a qual se realiza a mútua aproximação. Mas se aproximarmos uma orbital atómica 2p do átomo A de uma orbital atómica 1s do átomo B (Fig. 13) surge uma marcada diferenciação. Se as aproximarmos como indicado na Fig. 13 (a) surge um máximo de sobreposição; mas, se as aproximarmos como indicado na Fig. 13 (b), o integral de sobreposição $S \equiv 0$, e não resulta qualquer efeito de ligação, em virtude da diferença de sinal de uma orbital 2p nos dois lobos. Podemos assim afirmar que, neste tipo de ligação, uma orbital p é fortemente direccional.

No caso de F_2 considerado na secção anterior, torna-se agora evidente, que as duas orbitais p se devem encontrar orientadas uma na direcção da outra, como indicado na Fig. 13 (c), se pretendemos obter uma forte ligação.

Contudo, é possível a aproximação de duas orbitais p, como indicado na Fig. 13 (d), onde as direcções das duas orbitais são paralelas e perpendiculares relativamente ao eixo internuclear. Surge ainda uma região de sobreposição, o que resultará numa ligação. Mas, surge uma diferença acentuada, entre as situações em (c) e em (d). Na situação de colinearidade, (c), a função de onda apresenta total simetria axial, como evidentemente também a possui na Fig. 12 e na Fig. 13 (a); no caso (d), contudo, não existe uma tal simetria porque o plano representado passando pelos núcleos é um plano nodal, no qual a função de onda se anula. Se pretendermos rodar uma OA em torno do eixo nuclear, rapidamente reduziríamos o valor do integral de sobreposição, com o consequente aumento do valor da energia total. Seria necessário trabalho para conseguir tal. Por

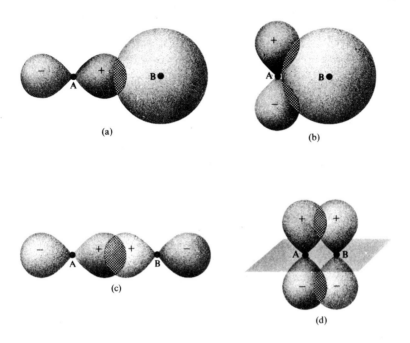

FIG. 13. Sobreposição entre orbitais atómicas diferentes.
(a) 2p de A com 1s de B (sobreposição tipo σ).
(b) 2p de A com 1s de B (zero por simetria).
(c) 2p de A com 2p de B (sobreposição tipo σ).
(d) 2p de A com 2p de B (sobreposição tipo π).

outras palavras não surge restrição à rotação em torno da ligação nos casos (a) e (c), mas surge em (d).

Há um outro par de orbitais atómicas do tipo p com sobreposição, inteiramente semelhante a (d), mas com as direcções de ambas as orbitais p rodadas de 90° em torno do eixo.

Quando a ligação numa molécula resulta simplesmente de dois electrões com simetria axial, referimo-nos a ela como tratando-se de uma ligação simples, e exprimimos a simetria axial pela notação: ligação-σ. É esta a situação para (a) e (c). Quando temos uma situação do tipo (d), denominamo-la, uma ligação-π. Uma ligação dupla surge então como a combinação de uma ligação-σ e de uma ligação-π. Se a direcção das duas orbitais atómicas em (d) é o eixo dos xx, poderíamos denominá-la uma ligação-π_x. Uma ligação tripla será então a combinação de uma ligação-σ, uma ligação-π_x e uma ligação-π_y

Esta descrição vem mais cabalmente elucidada se considerarmos como exemplo o nitrogénio molecular, correntemente representado por N $\equiv$ N. No Capítulo 1 verificámos que o estado base de um átomo de nitrogénio isolado é $(1s)^2(2s)^2(2p_x)(2p_y)(2p_z)$. As orbitais que poderão ser usadas para formar ligações são obviamente as $2p_x$, $2p_y$, e $2p_z$. A Fig. 14 mostra a aproximação de dois de tais átomos.

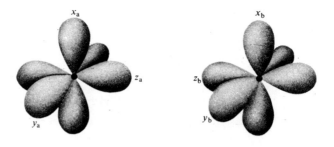

FIG. 14. Notação das orbitais atómicas no N_2, mostrando a formação de ligações σ, π_x e π_y.

Se as orbitais se encontram localizadas como a figura indica formamos uma ligação-σ emparelhando as orbitais designadas por z_a e z_b; formamos uma ligação-π_x emparelhando x_a, x_b; e uma ligação-π_y emparelhando y_a, y_b. O resultado é por conseguinte a ligação tripla que esperaríamos. Uma

análise mais cuidada da função de onda mostra contudo que a distribuição global de carga apresenta simetria axial, de modo que a nossa descrição não depende realmente das direcções que escolhemos para x e y, desde que nos asseguremos da sua ortogonalidade bem como da sua perpendicularidade relativamente ao eixo internuclear.
Devemos ainda ajuntar mais umas considerações. Quando utilizamos o símbolo da ligação tripla $N \equiv N$ não poderemos agora afirmar que as três ligações são equivalentes. As ligações π_x e π_y são equivalentes, mas diferem da ligação σ. Experimentalmente, este facto vem-nos confirmado pela existência de duas distintas energias de ionização, uma resultante da remoção de um electrão de uma ligação σ e outra de uma ligação π. Trataremos este assunto das energias de ionização algo mais tarde (p. 63), de modo que não faremos aqui mais comentários.

Moléculas diatómicas heteronucleares

Reunimos agora as condições para descrever a ligação entre dois átomos dissemelhantes. Consideremos o caso de HF como um exemplo. Quando recordamos que o átomo isolado de flúor apresenta a configuração electrónica$(1s)^2(2s)^2$ $(2p_x)^2(2p_y)^2(2p_z)$ verificamos que, de modo análogo à situação descrita para F_2, a ligação em HF deverá fazer uso da orbital atómica $2p_z$ do flúor. O átomo de hidrogénio fornece a sua orbital 1s. A situação é semelhante à descrita na Fig. 13 (a), com o núcleo de H situado segundo o eixo da orbital $2p_z$ do F. Mas agora, será algo pouco realista, admitir que a função de onda covalente de Heitler-London seja adequada apenas por si, pois que temos vasta evidência química de que o átomo de flúor é mais electronegativo que o de hidrogénio. Isto conduzirá a um deslocamento de carga do átomo de hidrogénio para o átomo de flúor. O que significa que em adição à função covalente de Heitler--London, ψ_{cov}, a qual corresponde a uma igual compartilhação dos dois electrões, a verdadeira função de onda deverá igualmente possuir características simbolizadas pela distribuição de carga F^-H^+. Se escrevermos ψ_{ion} para representar a correspondente função de onda, e recordarmos que a forma de Ritz do método variacional nos aconselha a combinação de qualquer conjunto de funções que possam descrever uma ou outra das previsíveis características do sistema em estudo, usaremos a função de ensaio

$$\psi = \psi_{cov} + \lambda \psi_{ion}, \quad (10)$$

onda λ representa um parâmetro, cujo valor será determinado de modo a tornar o quociente de Rayleigh (p. 28), estacionário. Esta forma de ψ é quase idêntica à usada na equação (8) para a ressonância covalente-iónica em H_2. Difere dela porque agora há apenas uma componente no termo iónico, correspondendo à situação em que ambos os electrões de ligação se encontram em torno do átomo de flúor, enquanto em H_2 tínhamos de considerar ambas as situações H^-H^+ e H^+H^-, atribuindo-lhes igual peso. Evidentemente, que se tal pretendêssemos, poderíamos adicionar a (10) um outro termo iónico, para obter $\psi = \psi_{cov} + \lambda \psi_{ion} + \lambda' \psi'_{ion}$, onde λ' representa um outro parâmetro variável, e ψ'_{ion} é a função de onda representando H^-F^+. Se tal fizéssemos rapidamente verificaríamos que o valor de λ' era pequeno, tão pequeno que, exceptuando o cálculo de funções de onda de elevada exactidão, pode ser seguramente ignorado. Este é um outro exemplo da afirmação feita no Capítulo 1,

de que o método de Rayleight-Ritz apresenta uma estrutura ideal para nos permitir economizar tempo e esforço mediante a incorporação de toda a experiência química de que disponhamos. Por conseguinte conservaremos a forma (10).
Seria extremamente agradável se nos fosse possível calcular o valor de λ sem demasiado esforço. Infelizmente tal não é viável, pois que no mínimo teríamos de incluir todos os restantes electrões, não directamente envolvidos na ligação, para assegurarmos a devida consideração de todas as forças electrostáticas coulombianas e de todas as forças de permuta. Por tal razão nas tentativas de cálculo directo de λ adopta-se normalmente um processo semi-empírico, que não descreveremos, dado que representa um melhor método de obter uma estimativa de λ evitando as dificuldades referidas *. De acordo com a proposta de Pauling ** baseamo-nos no valor do momento eléctrico dipolar μ. É uma admissão razoável (embora não muito exacta!) o considerar que o momento dipolar resulta apenas dos dois electrões da ligação e, que (o que mais uma vez não é totalmente correcto) é nula a contribuição da função covalente ψ_{cov}. O momento dipolar é assim associado exclusivamente com ψ_{ion}.

Interpretamos a função covalente-iónica (10) como significando que os pesos das duas partes se encontram na relação $1^2:\lambda^2$. O peso do termo iónico é então $\lambda^2/(1+\lambda^2)$. Se multiplicarmos por 100 obteremos a percentagem de carácter iónico $100\lambda^2/(1+\lambda^2)$. Mas, o termo iónico em si, corresponde à deslocação da unidade de carga de uma dis-

---

* Estes métodos vem descritos na obra «Valence», Capítulo 5.
** Pauling, L. (1960). «The Nature of the Chemical Bond», 3.ª edição, Capítulo 3. Cornell University Press, Ithaca, New York.

tância igual a R, tendo pois associado um momento dipolar eR. Tomando em consideração o factor de peso $\lambda^2/(1+\lambda^2)$ concluímos que de acordo com este modelo

$$\mu = eR \times \frac{\lambda^2}{1+\lambda^2}. \qquad (11)$$

Se nos tivesse sido possível o cálculo directo de λ, tal resultado permitir-nos-ia predizer o valor do momento dipolar μ. Na prática usamos um mecanismo inverso. Utilizando os valores experimentalmente obtidos de μ e R vamos recorrer à equação (11) para obter um valor de λ. A Tabela 1 apresenta os resultados obtidos não apenas para HF mas igualmente para os outros hidridos de halogénios.

TABELA 1

Carácter iónico nos halogenidos de hidrogénio

Molécula	HF	HCl	HBr	HI
μ (debyes)	1.82	1.03	0.83	0.45
λ (ver eq. (11))	0.84	0.45	0.37	0.25

Considerações análogas poderiam apresentar-se para a ressonância covalente-iónica noutras moléculas diatómicas heteronucleares.

Os valores numéricos que surgem na Tabela 1 são muito razoáveis. Como seria de esperar do conhecimento químico a diferença de electronegatividade entre o hidrogénio e o átomo de halogénio decresce à medida que descemos no grupo dos halogénios. Consequentemente decresce igualmente o valor de λ. As nuvens de carga destas moléculas diatómicas variam também de um modo sistemático (um tipo de variação análogo vem representado na Fig. 23); mas regressaremos oportunamente a este assunto. Devemos desenvolver primeiramente um modelo alternativo para a ligação química, *i. e.*, o método das orbitais moleculares. É o que faremos de seguida.

O método das orbitais moleculares: H_2

O método da ligação de valência de Heitler-London que acabamos de descrever assenta no princípio de que uma função de onda válida na região átomos-separados, da Fig. 8, é passível de extensão para utilização válida na região molecular. Mas poderíamos ter igualmente começado com a região átomo-unificado, e ampliar a função de onda construída para esta região à região molecular. Este processo conduz-nos ao método das orbitais moleculares, que representa a exacta contrapartida para as moléculas do método das orbitais atómicas para os átomos.

Revela-se útil analisarmos primeiramente este assunto em termos da relação entre a molécula de hidrogénio H_2 e o átomo-unificado hélio (Fig. 15). Se começarmos com o He, admitimos que ambos os electrões têm a mesma função 1s, mas spins opostos. Imaginemos agora uma divisão do núcleo com a sua carga $+2e$ em duas partes iguais $+e$, e ligeiramente separadas. Deveríamos esperar que seria ainda válido um mesmo modelo de descrição para os electrões, embora as orbitais surgissem agora ligeiramente alongadas na direcção do eixo molecular. Se agora separarmos as duas cargas positivas de distâncias típicas da ligação química, podemos ainda manter uma certa esperança na possibilidade de utilizarmos este modelo. A ligação é então descrita por dois electrões com spins emparelhados, em orbitais espaciais equivalentes. Como resultado da natu-

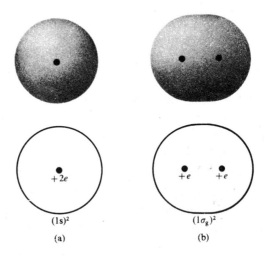

FIG. 15. Comparação entre orbitais atómicas no He (a) e orbitais moleculares no H_2 (b). Os diagramas superiores representam a densidade de carga em cada orbital atómica ou molecular; os diagramas inferiores representam esquematicamente a relação anterior.

reza destas orbitais moleculares, elas apresentarão simetria axial em torno do eixo nuclear. Denominamo-las, tipo σ. A descrição molecular é então $(1\sigma)^2$. As orbitais moleculares para as moléculas diatómicas são consequentemente bicêntricas, em comparação com as orbitais atómicas monocêntricas.

Devemos considerar algo mais detalhadamente estas OMs. Estamos a considerar separadamente a função de onda de um electrão na presença dos dois núcleos e do outro electrão. Quando o electrão sob consideração se situa próximo do núcleo A as forças dominantes a que se encontra submetido serão semelhantes às que experimentaria se o átomo se encontrasse isolado. Assim a função de onda apresentará localmente alguma semelhança com a correspondente equação para um electrão no átomo A. A função de onda assemelhar-se-á portanto nas proximidades de A a uma orbital atómica (ϕ_a) do átomo A. De modo análogo nas proximidades de B a OM assemelhar-se-á a uma orbital atómica (ϕ_b) do átomo B. O princípio de Ritz propõe-nos agora uma escrita da OM total, que denominaremos χ, do tipo

$$\chi = c_1 \phi_a + c_2 \phi_b,$$

onde c_1 e c_2 representam parâmetros variáveis. Poderíamos determinar os respectivos valores utilizando o método variacional e, numa situação geral, será realmente a solução a adoptar. Mas no caso de H_2 podemos tirar mais uma vez partido da simetria. Desta vez trata-se de simetria relativamente à permuta de A e B: impõe-nos o uso da equação $c_1^2 = c_2^2$. Surgem assim duas OMs cujas formas não normalizadas são

$$\chi_\pm = \phi_a \pm \phi_b, \tag{12}$$

Para o estado base de H_2 tomamos para ϕ_a e ϕ_b as OAs 1s. O leitor não se surpreenderá ao tomar conhecimento de que o sinal + corresponde a um decréscimo da energia, e o sinal − a um acréscimo. Referimo-nos a tais combinações pelas designações de combinações ligante e antiligante de ϕ_a e ϕ_b. No estado base é natural colocarmos ambos os electrões em χ_+. Quando calculamos a energia molecular total encontramos uma curva semelhante à curva de Heitler--London na Fig. 9, com a excepção de que o valor calculado de D_e é algo pior, sendo de 260 kJ mol^{-1} (2.70 eV) em vez de 303 kJ mol^{-1} (3.14 eV).

Podemos obviamente melhorar esta função de onda do mesmo modo como melhorámos a inicial função de onda de Heitler-London. Se, analogamente ao que referimos na p. 39, introduzirmos um expoente orbital variável c, obtemos novamente um valor análogo ao obtido com a função Heitler-London, e uma energia de ligação de 337 kJ mol^{-1} (3.49 eV). Podemos incorporar muitos mais melhoramentos se dispusermos do tempo e da energia para tal realizar. A nossa conclusão é a de que o método da orbital molecular (OM) se pode aplicar com praticamente o mesmo sucesso que o método da ligação de valência (LV) na descrição da ligação do hidrogénio molecular. Pode de facto demonstrar-se que quando aperfeiçoamos adequadamente os dois métodos eles acabam por se identificar. Não há assim razões para preferir um ao outro (com a possível excepção de estados excitados para os quais o método da OM se revela normalmente bastante mais simples). Esta equivalência foi detalhadamente demonstrada para o H$_2$, e, em princípio, para outros sistemas polielectrónicos mais complexos. No estudo qualitativo da ligação química a que procederemos no restante deste livro, utilizaremos ambos os métodos, embora o método da LV surja por vezes como de mais fácil visualização. Se pretendêssemos contudo realizar cálculos numéricos de elevada exactidão, a experiência aponta então muito fortemente para o método da OM, com as suas várias modalidades, como sendo o de uso mais apropriado.

Moléculas diatómicas homonucleares

De acordo com a equação (12) as orbitais moleculares de menor energia para o H$_2$ assumem a forma $\phi_a \pm \phi_b$ onde ϕ_a e ϕ_b representam as orbitais atómicas 1s nos dois núcleos. É porém evidente que os argumentos que invocámos para obter a expressão desta função de onda, sendo totalmente baseados em considerações de simetria, foram independentes da escolha de orbitais atómicas sob a única restrição de usarmos orbitais semelhantes em ambos os núcleos. Tal significa que podemos começar com qualquer OA do núcleo A e combiná-lo com a OA análoga do núcleo B, para obtermos uma OM ligante e uma outra antiligante. Frequentemente representa-se esta situação como na Fig. 16.

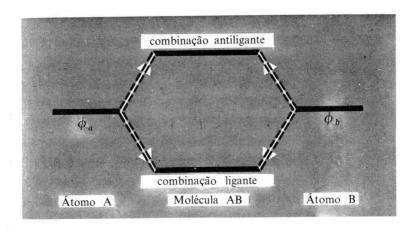

FIG. 16. Formação das combinações ligante e antiligante das orbitais atómicas ϕ_a e ϕ_b para formar orbitais moleculares.

Por este processo, começando com cada orbital atómica de um átomo, obtemos aproximações para duas OMs para a molécula diatómica homonuclear. Antes de as podermos discutir mais pormenorizadamente, e de utilizar o princípio de preenchimento, será porém necessário referir algo mais acerca das suas propriedades de simetria. Como sempre acontece em mecânica quântica cada propriedade de simetria da molécula, reflectindo-se necessariamente na simetria do Hamiltoniano, determinará uma correspondente simetria na orbital.

Nas moléculas diatómicas homonucleares surgem três operações de simetria fundamentais, que não alteram o Hamiltoniano. Qualquer outra possível operação de simetria resultará como uma mera combinação destas três. As simetrias fundamentais são:

(i) simetria axial em torno do eixo molecular
(ii) inversão relativamente ao centro da molécula
(iii) reflexão num plano contendo o eixo molecular.

A condição (i) implica que as orbitais moleculares apresentarão simetria completa (denominadas tipo σ), ou, como na Fig. 13 (d), terão um nodo angular (denominadas tipo π), ou, possivelmente terão dois nodos (denominadas tipo δ). A condição (ii) implica que cada OM ou é par ou ímpar relativamente a esta inversão. De modo análogo ao utilizado nos átomos, usamos os índices g (do alemão *gerade*, ou par) e u (*ungerade*, ou ímpar). A condição (iii) implica que a OM ou é par ou é ímpar com respeito a esta reflexão; usamos os expoentes $\pm$. O último símbolo é frequentemente omitido, pois que, é normalmente evidente qual a simetria em jogo. Temos finalmente o número quântico que ordena cada classe de orbitais moleculares de acordo com a respectiva sequência de energias *.

---

* Neste domínio têm sido usadas diferentes notações, função da época e do autor. Assim, o primeiro número quântico tem sido por vezes relacionado com o número quântico principal da OM relativa à descrição átomo-unido, e por vezes a uma das componentes ϕ_a ou ϕ_b do modelo

Destas considerações resulta então que as duas OMs (12) que envolvem OAs 1s serão designadas por $1\sigma_g$ e $1\sigma_u$. O estado base de H_2 será $(1\sigma_g)^2$ $^1\Sigma_g^+$, sistema de notação onde utilizamos as letras gregas minúsculas σ, π, δ, ... para desginar as OMs individuais e as letras gregas maiúsculas Σ, Π, Δ, ... para designar a função de onda total.

Para tratarmos as moléculas diatómicas homonucleares temos necessidade de conhecer a sequência de energias, duma maneira perfeitamente análoga à que era necessária, na Fig. 4, para considerarmos os sistemas atómicos. A sequência, que mais frequentemente se verifica, é

$$1\sigma_g < 1\sigma_u < 2\sigma_g < 2\sigma_u < 1\pi_{xu} = 1\pi_{yu} < 3\sigma_g < 1\pi_{xg} = 1\pi_{yg} < 3\sigma_u < \ldots \quad (13)$$

mas, a $3\sigma_g$ situa-se por vezes abaixo do par degenerado $1\pi_u$. Na Fig. 17 ilustra-se o modo como se relacionam estas OMs com as OAs que lhes dão origem.

E é agora um assunto relativamente simples, o da escrita da configuração electrónica do estado base de moléculas desta classe. Apresentam-se seguidamente alguns exemplos,

H_2 $(1\sigma_g)^2$ $^1\Sigma_g$

He_2 $(1\sigma_g)^2(1\sigma_u)^2$ $^1\Sigma_g$

Li_2 $(1\sigma_g)^2(1\sigma_u)^2(2\sigma_g)^2$ $^1\Sigma_g$

N_2 $(1\sigma_g)^2(1\sigma_u)^2(2\sigma_g)^2(2\sigma_u)^2(1\pi_{xu})^2(1\pi_{yu})^2(3\sigma_g)^2$ $^1\Sigma_g^+$

O_2 ...... $(1\pi_{xg})(1\pi_{yg})$ $^3\Sigma_g^-$

F_2 ...... $(1\pi_{xg})^2(1\pi_{yg})^2$ $^1\Sigma_g^+$

Ne_2 .... $(3\sigma_u)^2$ $^1\Sigma_g^+$

átomo-separado. Noutro sistema de notação utiliza-se o asterisco * para referir uma combinação antiligante. A notação utilizada neste livro tornou-se presentemente de utilização quase exclusiva na literatura.

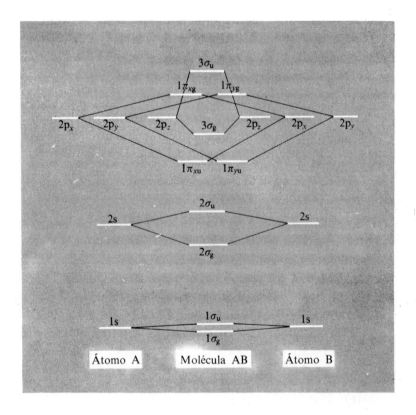

FIG. 17. A formação de orbitais moleculares para moléculas diatómicas homonucleares a partir das originais orbitais atómicas dos dois átomos (versão ligeiramente simplificada: ver p. 58).

No caso de O_2, em que há dois electrões para atribuir ao par de OMs degeneradas $1\pi_{xg}$, $1\pi_{yg}$, faz-se uso das regras de Hund (p. 21), para justificar a atribuição de um electrão a cada uma das orbitais, electrões que terão os respectivos spins paralelos. Esta organização determina um estado base paramagnético, em excelente acordo com a experiência. Historicamente foi de facto, o modo natural, como este estado paramagnético era previsto pela teoria, que desempenhou importante papel na imediata aceitação e desenvolmento da teoria das orbitais moleculares.

A combinação de uma OM ligante com a correspondente OM antiligante resulta num efeito de ligação nulo: mais exactamente, conduz a um efeito ligeiramente antiligante. Assim notamos que o He_2 e o Ne_2 serão instáveis nos respectivos estados base, mas já definem entidades estáveis alguns dos seus estados excitados e alguns dos respectivos iões positivos. No H_2, Li_2, F_2 parece que a ligação resulta apenas de dois electrões numa OM apropriada. É natural dizermos que estamos perante uma ligação simples. E mais, como tais electrões ocupam orbitais do tipo σ, as ligações são por conseguinte ligações σ. No N_2 há cinco OMs, cada um duplamente ocupada por electrões da camada de valência. Os efeitos ligante e antiligante das OMs $2\sigma_g$ e $2\sigma_u$ cancelam-se efectivamente, deixando-nos com um conjunto de três pares de orbitais ligantes. Temos assim uma ligação tripla, e, exactamente como no esquema da ligação de valência, verifica-se que este sistema é constituído por uma ligação σ e duas ligações π.

Energias de ionização

Como resultado do trabalho de D. W. Turner e W. C. Price, tornou-se recentemente possível confirmar a exactidão da descrição configuracional em termos de orbitais moleculares, que acabámos de considerar. Se fizermos incidir um feixe de luz homogéneo, de frequência conhecida, num dos sistemas moleculares considerados, parte da sua energia poderá ser utilizada na emissão fotoeléctrica, ou ionização, dum electrão. Se for a energia do electrão ejectado E_e, a energia de ionização I será expressa, de acordo com a lei da conservação da energia, por:

$$hv = E_e + I \ .$$

Medindo a energia dos electrões emitidos determinamos uma série de picos para valores de energia E_e bem definidos: vem por conseguinte determinado o valor de I.

Ilustra-se o caso do N_2 na Fig. 18. De acordo com a nossa descrição do N_2 deveriam surgir quatro energias de

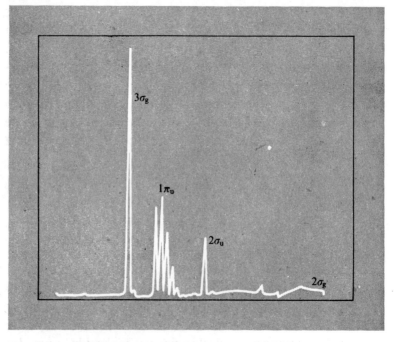

Fig. 18. Espectro fotoelectrónico do N_2 (amabilidade de W. C. Price), mostrando a ionização a partir das quatro distintas orbitais moleculares ocupadas por electrões de valência.

ionização distintas relativas a electrões de valência, correspondentes à remoção de um electrão de uma OM $2\sigma_g$, $2\sigma_u$, $1\pi_u$, ou $3\sigma_g$. Experimentamente verifica-se o aparecimento destes quatro picos. Mediante um cuidadoso estudo dos quatro picos é possível identificar a simetria das OMs relevantes, e confirmar assim a sequência de energias que apresentámos. É de facto uma situação realmente notável que R. S. Mulliken e outros tenham utilizado a teoria das OMs na predição do tipo e número de orbitais moleculares durante quase cerca de trinta anos antes que tal trabalho viesse a ser plenamente confirmado por experiências deste tipo. A teoria das OMs tornou-se consequentemente numa teoria hoje plenamente aceite.

Moléculas diatómicas heteronucleares

Não se revela nesta altura difícil a extensão da discussão havida de modo a tratarmos as moléculas diatómicas heteronucleares. Continuaremos a utilizar o princípio de preenchimento. Surgem como novos aspectos importantes os factos: (i) se os núcleos dos átomos A e B são diferentes já não podemos manter a conveniente associação de simetria u, g com a inversão; mas mantemos evidentemente, a classificação σ, π, δ, ..., e também a associação de simetria $\pm$ com a reflexão num plano contendo os núcleos; e (ii) cada OM será agora construída a partir de OAs diferentes dos dois núcleos e não a partir de orbitais idênticas *. O critério utilizado será ainda o de conseguir o máximo de sobreposição e, também, o de que as energias das duas OAs

---

* Esta é a aproximação CLOA (Combinação Linear de Orbitais Atómicas) devida a Mulliken, e da qual faremos extensivo uso no Capítulo 5.

nos respectivos átomos separados deverão ser aproximadamente iguais. Este último critério implica que as OAs componentes terão de ser aproximadamente do mesmo tamanho. Contudo, o facto de serem diferentes as OAs componentes significa que teremos que introduzir agora um coeficiente de mistura, escrevendo

$$\chi = c_1\phi_a + c_2\phi_b \qquad (14)$$

relação, onde já não se verifica agora a igualdade entre c_1^2 e c_2^2. As grandezas relativas de c_1 e c_2 serão em princípio passíveis de determinação pelo método variacional, exactamente nos moldes descritos para situações já anteriormente consideradas. Deve contudo tornar-se também claro que como uma interpretação da equação (14) é a de que para um electrão nesta OM uma fracção $c_1^2/(c_1^2 + c_2^2)$ está associada com o átomo A e a outra $c_2^2/(c_1^2 + c_2^2)$ com o átomo B, poderíamos utilizar um mecanismo inverso tomando como ponto de partida o momento dipolar μ, experimentalmente determinado, exactamente como fizemos com o modelo da LV na parte inicial deste capítulo *. Se pudermos desprezar contribuições para o momento dipolar de todos os restantes electrões, então a ligação representada por χ^2 deverá ter um momento dipolar $\mu = (c_1^2 - c_2^2)(c_1^2 + c_2^2) \times 2eR$. Não apresentaremos nesta altura nenhuma lista de valores pela simples razão de que eles seguem precisamente o mesmo tipo de evolução previamente discutido (Tabela 1), adentro do esquema da ligação de valência.

Revela-se útil a discussão do caso do HF algo mais pormenorizadamente, dado que tal exemplifica a discussão

---

* Nalguns casos é possível determinar a distribuição electrónica na molécula por métodos que utilizam a ressonância de spin electrónico ou a ressonância magnética nuclear: tal assunto vem descrito por K. A. McLauchlan em *Magnetic Resonance* (OCS 1).

precedente, e pode comparar-se com a descrição em termos da ligação de valência apresentada na p. 52.

Começaremos, como ilustrado na Fig. 19, por escrever, nas margens direita e esquerda do diagrama, as OAs do H e do F, conjuntamente com as respectivas energias. Resulta de imediata apreensão que a orbital 1s do hidrogénio tem uma energia que é razoavelmente próxima apenas da OA 2p do flúor. As restantes OAs do flúor manter-se-ão assim

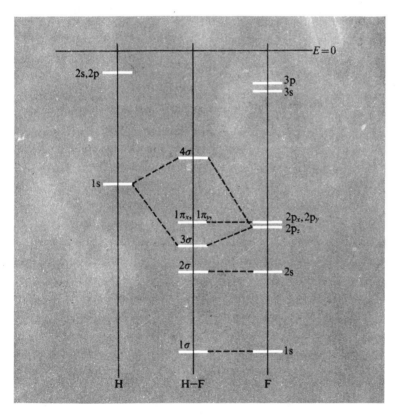

FIG. 19. Formação de orbitais moleculares no HF a partir das orbitais atómicas do H e do F. No estado base todas as OMs representadas se encontram duplamente ocupadas com excepção da 4σ, que se encontra vazia.

efectivamente inalteradas ao passarem a integrar-se na molécula. Mas a orbital 2p apresenta uma degenerescência de grau três e há que notar que as componentes $2p_x$ e $2p_y$ têm simetria π (se, como é habitual, considerarmos o eixo molecular como definindo a direcção do eixo dos zz). Então, como a orbital 1s do hidrogénio tem simetria σ, não é possível a sua combinação com qualquer destas, que permanecerão assim inalteradas, e poderão designar-se por electrões de pares-isolados ou por electrões não-ligantes. A ligação resulta de dois electrões numa OM χ com a forma

$$\chi = c_1 H(1s) + c_2 F(2p_z). \tag{15}$$

Há obviamente uma combinação ligante e uma outra anti-ligante. Ambas surgem representadas no diagrama.

Utilizando a linguagem da teoria das OMs isto significa que o estado base do HF é

$$(1\sigma)^2(2\sigma)^2(3\sigma)^2(1\pi_x)^2(1\pi_y)^2.$$

Como a ligação resulta da orbital 3σ, trata-se de uma ligação simples normal. E mais, como o flúor é mais electronegativo que o hidrogénio esperamos um valor de c_2 superior ao de c_1 na representação (15), situação que determina a existência de um momento dipolar correctamente orientado na direcção H^+-F^-. Se utilizarmos o valor experimental $\mu = 1.82$ D * para tal momento dipolar, então vem o valor c_2/c_1 na equação (15) igual a 1.80. Como as probabilidades são proporcionais aos quadrados das função de onda e $1.80^2 = 3.24$ este valor mostra que a orbital ligante se encontra muito mais fortemente concentrada na extremidade do flúor do que na do hidrogénio.

---

* Em unidades SI 1 debye (D) = 3.334×10^{-30} C m.

A distribuição de carga no hidrogénio molecular

É interessante comparar as funções de onda obtidas adentro da teoria da ligação de valência e da teoria da orbital molecular em termos das distribuições de carga que respectivamente propõem. A expressão do modelo LV já foi apresentada na equação (9). A expressão no modelo OM é de fácil obtenção, pois, considerando que a função de onda molecular é um simples produto $\chi(1)\chi(2)$, resulta que o argumento invocado para a obtenção da expressão (9) se torna ainda mais simples para funções expressando OMs. Cada orbital contribui agora com a sua própria densidade, e a densidade electrónica total é meramente a soma destas, uma para cada electrão.

Com a expressão não-normalizada $\phi_a + \phi_b$ para o H_2 deveremos introduzir primeiramente um factor de normalização. Tal permite-nos obter a expressão da OM normalizada

$$\chi = \frac{\phi_a + \phi_b}{\sqrt{\{2(1+S)\}}}$$

onde, como anteriormente, S representa o integral de sobreposição, e, consequentemente, a expressão da densidade correspondente

$$\rho(1) = \chi^2(1) = \frac{\phi_a^2(1) + 2\phi_a(1)\phi_b(1) + \phi_b^2(1)}{2(1+S)}.$$

A densidade molecular total é

$$\rho = 2\rho(1) = \frac{\phi_a^2 + 2\phi_a\phi_b + \phi_b^2}{1+S}.$$

De modo análogo ao que sucedia para a equação (9), revela-se conveniente dar outra escrita a esta expressão, e assim escrevemos,

$$\rho = \phi_a^2 + \phi_b^2 + \frac{1}{1+S}\Delta, \qquad (16)$$

onde $\Delta = 2\phi_a\phi_b - S(\phi^2_a + \phi_b^2)$ como na equação (9).

Verifica-se uma forte concordância entre as equações (9) e (16). Em cada caso a densidade de carga é igual ao resultado de uma simples sobreposição de densidades correspondentes a átomos isolados, modificada pela diferença de densidades. Esta diferença de densidades, depende basicamente da grandeza Δ. É fácil demonstrar que, dado que $0 < S < 1$, Δ é positivo na região central da molécula e negativo nas extremidades afastadas de cada núcleo. Assim a formação da ligação está associada com uma «sucção» de densidade electrónica das regiões extremas da molécula para a região de sobreposição entre os núcleos, como seria aliás previsível com base na Fig. 10. Se representarmos a densidade resultante ao longo do eixo molecular obtemos a curva representada na Fig. 20. Tal curva ilustra o aumento de carga na região internuclear e, é típica das ligações covalentes normais. A curva da Fig. 20 apresenta pratica-

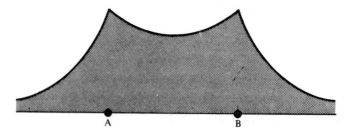

FIG. 20. A densidade electrónica total do H_2 para pontos no eixo molecular AB.

mente o mesmo aspecto quer para densidades das OMs quer para as das LV, com um acréscimo ligeiramente superior no caso da função da onda OM relativamente ao previsto pela função de onda LV.

Os cristalógrafos químicos adoptam presentemente o método de representarem o efeito da formação de ligações pela apresentação de contornos de diferenças de densidade. Experimentalmente tais contornos são obtidos subtraindo da densidade molecular medida a soma das densidades atómicas localizadas nas posições dos núcleos. O diagrama de contornos de diferenças de densidade para o H_2 vem representado na Fig. 21. Dado que a carga total num diagrama

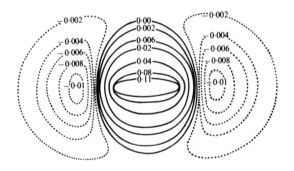

FIG. 21. Contornos de diferenças de densidade para o H_2. As linhas contínuas representam um excesso de carga electrónica; as linhas a ponteado um decréscimo de densidade. (Amabilidade de R. W. Bader).

de diferenças de densidade terá de ser zero, algumas regiões (onde se verifica um acréscimo de carga) surgirão positivas, enquanto outras (onde se verifica um decréscimo de carga) surgirão negativas.

O diagrama apresentado na Fig. 21 para o hidrogénio molecular é típico. Assim a Fig. 22 mostra o correspondente diagrama de diferenças de densidade para o lítio diatómico.

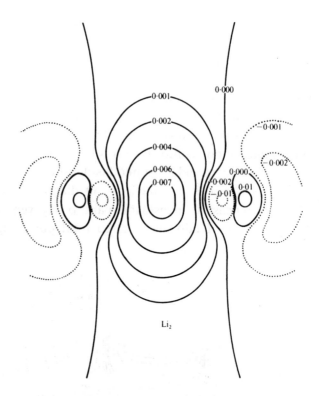

FIG. 22. Contornos de diferenças de densidade para o Li$_2$. Note-se a marcada semelhança geral com a Fig. 21 para o H$_2$. Ambas as moléculas têm o mesmo tipo de ligação, na formação da qual se verifica a sucção de carga das duas regiões extremas da molécula para a região de sobreposição internuclear. (*Science* **151**, 961 (1966), por permissão de A. C. Wahl).

Perguntar-se-á: qual é carga deslocada para a região de sobreposição neste processo? A resposta é: normalmente entre 0.1 e 0.3 da carga elementar. O que não é muito, e a sua pequenez explica porque é que só muito recentemente, foi possível obter a sua definitiva confirmação experimental. A dificuldade enfrentada é fácil de reconhecer se tentarmos observar tal carga de sobreposição na ligação C—C do etano. Como existem dezoito electrões no C_2H_6 estamos a tentar observar cerca de um por cento da carga total. Somente quando se tornou viável a realização de medições de alta-resolução por métodos de raios X, e se tomam grandes precauções nas correcções inerentes à extinção e aos movimentos vibracionais e rotacionais, é possível conseguir a requerida exactidão. Tal é presentemente possível e um óptimo exemplo é o do diamante, que podemos considerar como um único cristal formado por um enorme número de ligações C—C em muitos aspectos semelhantes à ligação C—C do etano. Dawson[*] demonstrou por este processo a presença de uma redistribuição de cerca de um décimo de electrão por ligação. É motivo de muita satisfação verificar que uma das primeiras previsões teóricas acerca da distribuição de carga numa ligação covalente é hoje plenamente confirmada pela experiência.

É muito diferente a situação própria da ligação iónica. Pois que agora há uma efectiva transferência de carga de um dos átomos para o outro. Tal resulta da função de onda LV (10) tendo em conta o termo iónico em $\psi = \psi_{cov} + \lambda \psi_{ion}$. Na função de onda OM (14) tal processo vem traduzido pela diferença de valores dos coeficientes c_1, c_2 na OM $\chi = c_1 \phi_a + c_2 \phi_b$. Se, como no caso do HF, a transferência de carga é elevada (elevado carácter iónico) então podemos praticamente perder o vestígio de presença do electrão de ligação na vizinhança do átomo mais electropositivo. Todo este argumento vem notavelmente bem ilustrado na Fig. 23, que apresenta os contornos de densidade de carga para os monohidridos da série de átomos Li, Be, ..., F.

---

[*] Dawson, B. (1967). *Proc. R. Soc.* A **298**, 264.

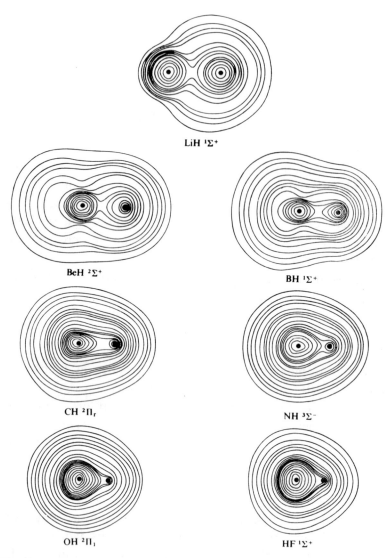

Fig. 23. Os mono-hidridos dos átomos do Li ao F. Em cada caso o átomo de H situa-se à direita. Note-se como os contornos de carga reflectem a variação da contribuição iónica na função de onda. (*J. chem. Phys.* **47**, 3383 (1967). Reproduzido com a permissão de R. W. F. Bader).

É interessante notar que no LiH, a maior electronegatividade do H relativamente à do Li determina um deslocamento de carga para o átomo de hidrogénio e um dipolo com a direcção Li$^+$—H$^-$. No BeH a ligação é essencialmente covalente, com um momento dipolar muito pequeno. Mas para os hidridos mais mássicos verifica-se um deslocamento de carga na direcção oposta à do hidrogénio, e de tal modo que quando atingimos o HF já praticamente nada resta da original nuvem de carga do átomo de hidrogénio em torno do protão. Agora, evidentemente, o dipolo tem a direcção F$^-$—H$^+$.

Podemos dizer que a série de diagramas na Fig. 23 ilustra a mudança de direcção e grandeza da contribuição iónica na função de onda de ressonância covalente-iónica. As variações de forma da ligação seguem naturalmente tal evolução.

A conclusão a retirar desta discussão é a de que, independentemente de adoptarmos uma função de onda do tipo OM ou do tipo LV, uma ligação simples entre dois átomos envolve o emparelhamento de dois electrões. A função de onda apresenta simetria axial e está relacionada com as orbitais atómicas ocupadas pelos dois electrões nos átomos separados. A ligação covalente desloca densidade electrónica para a região de sobreposição; a ligação iónica desloca-a de um átomo para o outro. Teremos ocasião de verificar que é viável uma descrição análoga das ligações nas moléculas poliatómicas.

EXERCÍCIOS

2.1. Utilize as equações (9) e (16) para mostrar que atendendo ao facto de $0 < S < 1$, o modelo OM na sua forma mais simples indica um maior acréscimo de carga na região de sobreposição para o hidrogénio molecular, que o previsto pelo modelo LV igualmente na sua expressão mais simples.

2.2. Admitindo que a descrição electrónica do He_2 seja $(1\sigma_g)^2(1\sigma_u)^2$, e estas duas OMs são expressas por (12), mostre que resulta um decréscimo de densidade electrónica na região de sobreposição, e que por conseguinte a molécula é instável. {Sugestão: mostre que as duas OMs normalizadas são expressas por $(\phi_a \pm \phi_b)/(2 \pm 2S)^{\frac{1}{2}}$.}

2.3. Escreva as configurações electrónicas para os estados bases de: (i) Na_2, (ii) K_2, (iii) LiH, (iv) LiF.

2.4. Em qual das moléculas diatómicas N_2, O_2, e F_2 será de esperar que a ionização do electrão menos ligado determine um aumento da energia de ligação? (Sugestão: a ionização em causa remove um electrão ligante ou um antiligante?)

2.5. Quantas energias de ionização distintas deverão surgir para uma molécula isolada de HF?

3. Moléculas poliatómicas

Propriedades da ligação

É um facto experimental que muitas ligações apresentam propriedades muito aproximadamente constantes. Assim a ligação O—H tem um comprimento com um valor praticamente constante, de 0.096 nm (0.96 Å), ao considerarmos moléculas como a água H—O—H ou o metanol CH_3—O—H. Podem encontrar-se tabelas de propriedades de ligações em muitos manuais de química-física. Tais propriedades incluem comprimentos de ligação, constantes de força, momentos dipolares, polarizabilidades, etc.. É essencialmente devido a esta característica do valor quase constante de tantas das propriedades da ligação que se torna tão útil o conceito de ligação química.

Mas à primeira vista esta constância das propriedades características da ligação levanta um problema. Na água, por exemplo, existem duas camadas electrónicas internas na vizinhança do núcleo do oxigénio, a que temos a adicionar mais um total de oito electrões. Podemos designar estes por electrões de valência. As possíveis propriedades de ligação que venham a surgir deverão resultar da distribuição destes oito electrões. A existência de propriedades da ligação quase nos força à conclusão de que a carga electrónica total se pode dividir aproximadamente em pares electrónicos praticamente localizados na região de cada ligação. Na água, por conseguinte, devemos admitir que dois electrões «constituem» cada ligação O—H, restando quatro electrões não-ligantes em torno do núcleo do oxigénio.

Qual o melhor processo para a descrição destas distribuições de carga localizadas?

É natural retomar a discussão do Capítulo 2 acerca das moléculas diatómicas, e tratar cada ligação numa molécula poliatómica como se pudesse ser descrita por dois electrões. Normalmente cada um dos electrões será fornecido por cada um dos dois átomos intervenientes na ligação. A ligação em si terá uma «função de onda pessoal»; e esta função de onda será obtida a partir de orbitais atómicas dos dois átomos. Além disso os dois electrões terão spins opostos (i. e., emparelhados), e as orbitais atómicas relevantes deverão ser escolhidas de modo a conseguir-se o máximo de sobreposição possível.

Consideremos a aplicação destas ideias à molécula de água. A configuração electrónica do átomo de oxigénio isolado é $(1s)^2(2s)^2(2p_x)(2p_y)(2p_z)^2$. Se pretendemos formar pares electrónicos com electrões de dois átomos de hidrogénio não deveremos tentar a utilização de electrões já emparelhados na configuração do átomo de oxigénio. O princípio de Pauli levantar-nos-ia imediatamente dificuldades se tal tentássemos concretizar. Restam-nos então duas orbitais atómicas disponíveis no átomo de oxigénio: que são as orbitais $2p_x$ e $2p_y$. Este facto imediatamente nos informa da razão da normal bivalência do oxigénio, e da sua disponibilidade para a formação de duas ligações. Na verdade, formulamos o resultado geral, de que o número de valência normal dum átomo é igual ao número de electrões desemparelhados nas camadas de valência do átomo. A Fig. 24 (a) ilustra que as orbitais $2p_x$ e $2p_y$ orientar-se-ão segundo as direcções dos eixos dos xx e dos yy, respectivamente. Para conseguirmos um máximo de sobreposição entre estas orbitais e as orbitais 1s do hidrogénio deveremos situar os dois átomos de hidrogénio segundo as direcções x e y.

Podemos então formar duas ligações localizadas como se mostra esquematicamente na Fig. 24 (b). Cada uma delas terá uma função de onda pessoal, do tipo orbital molecular (OM) ou do tipo ligação de valência (LV), como descrito no capítulo antecedente. Se adoptarmos o modelo de Heitler--London, descreveremos cada ligação O—H em termos de contribuições covalentes e iónicas: e, basicamente, cada uma destas será obtida com base nas apropriadas orbitais (2p) do oxigénio e (1s) do hidrogénio.

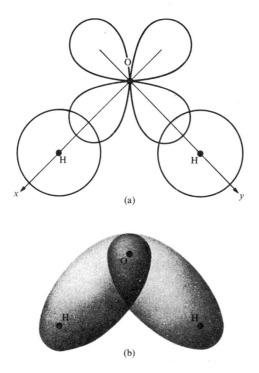

FIG. 24. Formação de ligações localizadas na água (H_2O). (a) As orbitais atómicas isoladas antes da formação das ligações (mas ver p. 83). (b) Representação esquemática das duas ligações.

Desta discussão surge um resultado imediato e da maior importância. O ângulo de valência deverá ser aproximadamente de 90°, o que determina uma geometria molecular de forma triangular e não linear. A razão fundamental de tal é a necessidade de recorrermos a orbitais p_x e p_y do oxigénio (ou, em alternativa, qualquer par de orbitais-p perpendiculares), dado que se as ligações se pretendem distintas (ver p. 17), as suas funções de onda deverão ser ortogonais.

Necessitamos de discutir esta ortogonalidade das orbitais p um pouco mais detalhadamente. Consideremos (Fig. 25) duas orbitais semelhantes p_i e p_j cujas direcções

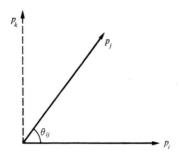

FIG. 25. Integral de sobreposição de duas orbitais p: p_i e p_j.

definem um ângulo θ_{ij}. Em geral estas duas orbitais não são ortogonais. Pode demonstrar-se * que uma orbital p numa direcção arbitrária, se pode decompor, de um modo análogo ao de um vector, numa soma de duas orbitais-p componentes em direcções perpendiculares. Assim p_j pode

---

* *Valence*, Capítulo 8.

decompor-se em cos $\theta_{ij} \times p_i$ mais sin $\theta_{ij} \times$ uma orbital p (que podemos designar por p_k), orientada perpendicularmente à direcção i. O integral de sobreposição assume então o valor

$$\int p_i(p_i \cos \theta_{ij} + p_k \sin \theta_{ij}) \, d\tau = \cos \theta_{ij} \int p_i^2 \, d\tau + \sin \theta_{ij} \int p_i p_k \, d\tau.$$

E se as orbitais estão normalizadas $\int p_i^2 d\tau = 1$, e $\int p_i p_k d\tau = 0$. O valor do integral de sobreposição resulta assim simplesmente igual a cos θ_{ij}. Torna-se nulo se, e só se, $\theta_{ij} = 90°$, *i. e.*, se as orbitais atómicas forem perpendiculares.

Hibridização

Admitimos sempre até este momento que as orbitais atómicas a utilizar, quer no modelo das orbitais moleculares quer no da ligação de valência, eram orbitais s ou p puras. Cabe nesta altura inquirir se tal é na verdade necessário. É evidente que as orbitais s, p, d, ... surgem naturalmente quando, como é o caso para um átomo isolado, existe um centro de força fixo, em torno do qual se deslocam os electrões. Mas torna-se muito menos clara a necessidade de nos limitarmos a tais orbitais quando, como no caso de uma molécula, surge mais do que um centro atractivo.

Analisemos em pormenor o lítio diatómico Li_2. O átomo de lítio isolado apresenta a configuração electrónica $(1s)^2(2s)$, e era por conseguinte muito natural, no Capítulo 2, que tratássemos a ligação Li—Li como se se tratasse de uma ligação s pura. Contudo, existe uma orbital 2p de energia não muito superior (cerca de $2\frac{1}{2}$eV). Poderíamos portanto esperar que, sob a influência do outro átomo a que se encontra ligado, a orbital 2p dum átomo de lítio deveria intervir de algum modo na ligação. Ao formarmos as orbitais ϕ_a e ϕ_b nos dois átomos, que serão utilizadas na função de onda molecular total, não teríamos justificação para as considerar como s ou p puras, mas como misturas, ou híbridas, de s e p. Consideremos por conseguinte a natureza de uma híbrida $\phi = s + \lambda p$, onde λ representa um parâmetro numérico que mede o grau de mistura de s e p. Poderíamos interpretar ϕ como significando que s e p surgem na relação $1 : \lambda^2$. Se $\lambda = 0$ temos uma s pura; e se $\lambda \longrightarrow \infty$ temos uma p pura. Se λ tem um valor entre estes extremos temos uma híbrida cuja nuvem de carga surge esquematicamente representada na Fig. 26. Tal resulta do

FIG. 26. A formação de uma orbital híbrida $s + \lambda p$.

facto dos dois lobos da orbital p estarem associados a sinais opostos da função de onda. Assim numa combinação $s + \lambda p$ as duas componentes reforçam-se numa direcção e subtraiem-se na direcção oposta. O resultado é uma orbital híbrida com um carácter direccional muito mais marcado do que o de uma s pura ou de uma p pura, isoladamente. É por conseguinte muito mais apropriada para uma boa sobreposição, e consequentemente para um aumento da energia de sobreposição. Devemos contudo ser cuidadosos antes de chegarmos à conclusão de que o valor de λ é da ordem de grandeza da unidade. E tal resulta do facto de que se incluirmos uma larga percentagem de carácter p na orbital híbrida, estamos simplesmente a incrementar a energia atómica pelo facto da superior energia da orbital *p* relativamente à s (ver Fig. 4). Surge de facto uma situação de compromisso. Ganhamos energia de sobreposição introduzindo carácter p na orbital atómica 2s do lítio, mas perdemos energia do sistema atómico. Os cálculos sugerem que no caso do Li_2 a orbital de ligação contém aproximadamente 85 por cento de carácter 2s e 15 por cento de carácter 2p.

Não há razões que impeçam a extensão deste tipo de argumentação a outras situações, incluindo, evidentemente, as moléculas diatómicas consideradas no Capítulo 2. A sua maior importância surge contudo aquando da aplicação a moléculas poliatómicas. Assim retomemos uma vez mais o exemplo da molécula de água H_2O. Em vez de construirmos cada ligação O—H com base numa orbital 2p do oxigénio e de uma orbital 1s do hidrogénio, poderíamos conseguir uma melhor sobreposição utilizando uma combinação $p + \lambda s$ para a OA do oxigénio. Mas há um preço a pagar para obter esta melhor sobreposição; com efeito tivemos que abrir a subcamada $2s^2$ do oxigénio para a utilização parcial da orbital 2s em cada uma das ligações O—H, o que exige dispêndio de energia. O efeito é importante se se salda num ganho líquido. Tal é a situação no caso de H_2O: e assim as ligações O—H utilizam orbitais atómicas 1s na extremidade do hidrogénio, e orbitais híbridas, de s e p, na extremidade do oxigénio.

Esta situação resulta num corolário do maior interesse em termos do ângulo de valência HOH. Já vimos que as duas híbridas no átomo de oxigénio têm de ser ortogonais.

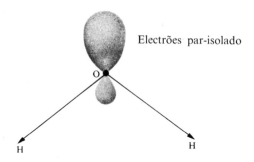

FIG. 27. Electrões de par-isolado em H_2O resultantes da hibridização nas ligações O—H.

Mas estas duas híbridas equivalentes, $p_i + \lambda s$, $p_j + \lambda s$, só serão ortoginais se o ângulo entre elas, θ_{ij} (Fig. 27), for tal que

$$\cos \theta_{ij} = -\lambda^2. \tag{17}$$

Tal resulta do facto de que

$$\int (p_i + \lambda s)(p_j + \lambda s)\, d\tau = \int p_i p_j\, d\tau + \lambda \int s p_j\, d\tau + \lambda \int s p_i\, d\tau + \lambda^2 \int s^2\, d\tau.$$

Já demonstrámos que o valor do primeiro integral do segundo membro da equação é $\cos \theta_{ij}$ (ver p. 81). O segundo e o terceiro integrais são iguais a zero, e a parcela final tem simplesmente o valor λ^2.

Assim o segundo membro da equação tem o valor $\cos \theta_{ij} + \lambda^2$. A ortogonalidade implica que o valor desta expressão seja zero, e por conseguinte $\cos \theta_{ij} = -\lambda^2$, como pretendido. Segue-se que as direcções das duas híbridas, e portanto as direcções das duas ligações O—H, não poderão manter-se perpendiculares, pois que, dado que o valor do $\cos \theta_{ij}$ é negativo, terá que θ_{ij} exceder 90°.

A hibridização tem pois como efeito a abertura do ângulo de valência de H_2O *.

Surge ainda mais um importante corolário para a molécula de água e que resulta do simples facto de que ao utilizarmos parte da OA 2s do oxigénio na formação das orbitais híbridas para as ligações, e ao deixarmos parte das orbitais atómicas $2p_x$ e $2p_z$ não utilizadas, forçamos os dois electrões que inicialmente ocupavam a orbital 2s a situar-se agora numa orbital híbrida envolvendo o que restou das iniciais OAs 2s, $2p_x$ e $2p_y$. As três orbitais híbridas terão de ser ortogonais o que facilmente se demonstra ser possível. Como resultado os dois electrões na terceira híbrida apresentam uma densidade de carga que se representa esquematicamente na Fig. 27. Denominam-se, convencionalmente, electrões de par-isolado. Mas apresentam uma distribuição fortemente excêntrica, a qual, conjuntamente com a dos outros electrões par-isolado na OA inalterada $2p_z$ do oxigénio, são de tremenda importância no comportamento biológico. Fornecem o mecanismo para a formação da ligação-hidrogénio e para emparelhamento de bases no duplo cordão helicoidal ADN (ácidos desoxiribonucleicos) **.

O metano

A fórmula fundamental (17) que relaciona o grau de mistura s—p nas duas orbitais híbridas equivalentes, com o ângulo entre as direcções dessas orbitais híbridas, tem várias

---

* A determinação de λ^2 pode ser ocasionalmente feita mediante o recurso a técnicas de ressonância magnética: dispomos assim de um método de obter estimativas de ângulos de valência por ressonância magnética. Consultar K. A. McLauchlan, *Magnetic resonance* (OCS 1).
** As consequências químicas da estrutura da molécula de água são discutidas por G. Pass em *Ions in solution* (3); *Inorganic properties* (OCS 7).

aplicações importantes. Consideremos um átomo, como por exemplo o carbono, com quatro electrões na respectiva camada de valência, e com a possibilidade de utilizar apenas OAs s e p para formar ligações. Se as quatro ligações são equivalentes, cada uma possuirá três vezes mais carácter p do que carácter s. Cada orbital híbrida $p + \lambda s$ poder-se-á consequentemente escrever $s^{\frac{1}{4}}p^{\frac{3}{4}}$. Alternativamente, podemos dizer que cada híbrida apresenta a forma $p + s/\sqrt{3}$, de modo que $\lambda = 1/\sqrt{3}$. Decorre da equação (17) que o ângulo entre duas quaisquer de tais híbridas satisfaz a equação $\cos \theta = -\lambda^2 = -\frac{1}{3}$. Por conseguinte, é θ o familiar ângulo tetraédrico 109° 28′, e concluímos que na verdade um átomo de carbono é capaz de formar quatro ligações equivalentes, como em CH_4, e que tais ligações apontam nas direcções tetraédricas. Cada ligação C—H no metano será descrita por dois electrões com spins opostos numa função de onda construída com base numa das híbridas tetraédricas do carbono e na orbital 1s do hidrogénio.

O estado de valência

O metano pode considerar-se como o paradigma de todos os compostos que incluem átomos de carbono saturados. Mas a descrição feita implicou mais do que talvez se tenha realizado. Porque no Capítulo 1 vimos ser a configuração electrónica do estado base do átomo de carbono $(1s)^2(2s)^2(2p_x)(2p_y)$. De acordo com as secções iniciais deste capítulo deveria consequentemente ser bivalente (como o é em algumas moléculas especiais como por exemplo CF_2; o metileno, CH_2, existe, e desempenha um importante papel em muitas reacções químicas, mas é altamente reactivo, e não pode em boa verdade considerar-se como um composto normal para ligações que envolvam o carbono). Para conseguirmos quatro ligações em torno de um átomo de carbono necessitamos quatro electrões desemparelhados. Assim temos que promover um dos electrões do par 2s para a orbital 2p vazia, para obtermos o arranjo $(1s)^2(2s)(2p_x)(2p_y)(2p_z)$. Sabe-se, de estudos espectroscópicos, que se os spins dos quatro electrões de valência estão paralelos, o estado ^5S resultante se situa 436 kJ mol^{-1} acima do estado-base ^3P. Por conseguinte, para conseguirmos um carbono tetravalente necessitamos de dispender uma energia desta ordem de grandeza. A recompensa resultante de tal é a de podermos formar quatro ligações em vez de duas. Ora uma ligação C—H no metano tem uma energia de ligação de 450 kJ mol^{-1}. Resulta por conseguinte muito recompensador este dispêndio inicial de uma energia de promoção necessária à obtenção de um átomo de carbono num *estado de valência* sp^3, dado que recuperamos cerca de duas vezes mais energia com a formação das ligações extra assim tornadas possíveis.

O estado de valência que acabamos de descrever não existe para um átomo isolado. E tal resulta do facto, de que se alguma vez conseguirmos observar um átomo de carbono isolado, ele encontrar-se-á num ou noutro dos seus estados espectroscópicos e não num estado que envolve orbitais híbridas, de s e p. Além deste facto também a energia actual do estado de valência não desempenha efectivamente qualquer papel químico, dado que permanece quase constante sob a condição do átomo de carbono estar saturado.

A descrição apresentada do átomo de carbono tetraédrico resultou possível pelo facto da promoção s → p requerer apenas uma relativamente pequena quantidade de energia. A compreensão do comportamento de valência exige por conseguinte um conhecimento do modo como a diferença s–p varia de átomo para átomo. Não há regras simples *, mas geralmente: (i) a diferença s–p não varia apreciavelmente entre os elementos de qualquer grupo da classificação periódica, embora seja normalmente bastante elevada no primeiro período curto (Li ao Ne) em comparação com os períodos seguintes; (ii) a diferença s–p aumenta rapidamente ao longo de qualquer período do quadro periódico. Assim tem para o oxigénio um valor duplo do que tem para o carbono e para o flúor o valor é aproximadamente triplo do do carbono. É esta a razão pela qual, como observaremos no capítulo seguinte, os átomos do grupo 4B apresentam o máximo de versatilidade na formação de ligações surgindo seguidamente os dos grupos 3B e 5B.

Ligações duplas e triplas nos compostos de carbono

A versatilidade do carbono, típica dos átoms dos elementos do grupo 4B, revela-se pela sua capacidade para formar ligações duplas ou triplas. O etileno é um bom ponto de partida. A molécula é plana, e os ângulos de valência próximos de 120°. No benzeno, que também é plano, os ângulos de valência são exactamente de 120°: consideremos então a discussão do átomo de carbono em termos de três ligações situadas num plano e definindo ângulos de 120°. A fórmula fundamental (17) mostra-nos que as orbitais híbridas coplanares são da forma $p + \lambda s$,

---

* Veja-se a discussão de R. J. Puddephatt no Capítulo 4 de *The periodic table of the elements* (OCS 3) [versão portuguesa: «O Quadro Periódico dos Elementos», Livraria Almedina, Coimbra], e também a de G. Pass em *Ions in solution* (3): *Inorganic properties* (OCS 7).

onde $\lambda^2 = -\cos 120° = \frac{1}{2}$. Cada híbrida é do tipo $s^{\frac{1}{3}} p^{\frac{2}{3}}$ e colectivamente resultam de sp² no átomo. Estas três orbitais híbridas representam-se diagramaticamente na Fig. 28.

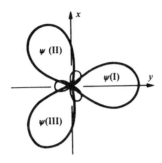

FIG. 28. As três orbitais híbridas trigonais sp².

São correntemente designadas por híbridas trigonais. Se o plano que contém os eixos das três híbridas, é o plano xy, resta então a OA $2p_z$ do carbono, que não foi utilizada na formação das três híbridas.

A descrição electrónica do etileno é agora relativamente simples. Imaginamos os dois átomos de carbono nos respectivos estados de valência trigonais, e formamos quatro ligações C—H utilizando em cada caso uma das híbridas do carbono e a usual OA 1s do hidrogénio. Analogamente forma-se a ligação C—C utilizando as duas restantes híbridas. O critério do máximo de sobreposição requer que todos os ângulos de valência sejam de 120°. Mas nesta fase temos simplesmente um conjunto de cinco ligações sigma, e não há razões que impeçam uma quase livre rotação em torno da ligação C—C central. Uma contagem dos electrões mostra que restam dois electrões ainda não distribuídos por qualquer orbital na molécula. Se se situam nas OAs $2p_z$ dos átomos de carbono, então, como ilustrado na Fig. 13 (d), podem formar uma ligação π. Mas o requisito do máximo de sobreposição exige agora que as duas direcções z sejam paralelas: a molécula é plana. E se um grupo CH_2 é rodado relativamente ao outro em torno da ligação carbono-carbono, vem reduzida a sobreposição das duas orbitais p_z com consequente perda de ligação. Os ângulos de valência numa molécula do tipo do etileno vêm assim fundamentalmente determinados pela hibridização nas ligações σ; mas a resistência à torsão em torno da dupla-ligação resulta da ligação π, e como seria de antecipar, a ligação dupla vem representada pela sobreposição de dois pares de electrões de ligação: um σ e o outro π.

O facto do ângulo de valência H—C—H no etileno não ser exactamente 120° (tem um valor de cerca de 117°) pode atribuir-se à diferença no integral de sobreposição entre duas orbitais híbridas do carbono e entre uma híbrida do carbono e uma orbital 1s do hidrogénio. A maior sobreposição carbono-carbono, acrescida que é pelo encurtamento da ligação devido à ligação dupla, favorece um maior carácter s na ligação C—C. Isto implica um maior carácter p nas ligações C—H e por conseguinte, de acordo com a equação (17), um valor algo reduzido para o ângulo H—C—H.

No acetileno H—C≡C—H formamos orbitais híbridas digonais (Fig. 29) $s \pm p_z$ em cada átomo de carbono, dei-

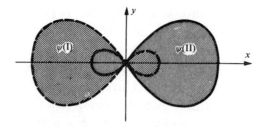

Fig. 29. As duas orbitais híbridas digonais sp.

xando inalteradas as orbitais p_x e p_y. Assim obtemos três ligações sigma, todas colineares; e os restantes electrões dão origem a duas ligações π, como no caso do N_2 (p. 63). A molécula é linear, e a ligação tripla é uma sobreposição de uma ligação σ e de duas ligações π.

Ligações curvas: tensão

Em todas as moléculas já consideradas era possível a existência de ligações rectilíneas. Tal resultava do facto de não surgirem limitações de natureza espacial que nos impedissem de colocar cada átomo numa posição onde se conseguisse o máximo de sobreposição com os seus vizinhos. Mas por vezes existem limitações de natureza espacial e falamos então de moléculas com tensões *. Com o nosso presente modelo de uma ligação como resultado de uma sobreposição entre orbitais dos dois átomos intervenientes na ligação, poderemos rapidamente considerar a origem de tais tensões. O exemplo mais importante é o ciclopropano (Fig. 30), que é constituído por três átomos de carbono situados nos vértices de um triângulo equilátero, com os três pares de átomos de hidrogénio situados simetricamente acima e abaixo do plano do triângulo, de modo a que o ângulo H—C—H resulte aproximadamente igual a 115°. Este é um valor marcadamente superior ao normal valor do ângulo tetraédrico, de 109° 28′.

É evidente que se construirmos quatro orbitais híbridas tetraédricas equivalentes, em cada átomo de carbono, as

---

* Veja-se, por exemplo, D. Whittaker, *Stereochemistry and mechanism* (OCS 5).

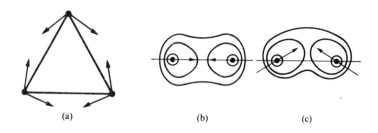

Fig. 30. O ciclopropano C_3H_6. (a) O triângulo equilátero formado pelos três átomos de carbono, e as direcções das orbitais híbridas utilizadas na formação de ligações C—C localizadas. (b) Contornos de densidade de carga para uma ligação C—C normal — em linha recta (representação esquemática). (c) Contornos de densidade de carga para uma ligação C—C inclinada, curva (representação esquemática).

orbitais do par de híbridas usado para cada ligação C—C não apontarão directamente uma para a outra, e teremos um decréscimo de sobreposição. Se contudo escolhermos as híbridas, de modo a que duas delas façam um ângulo inferior ao ângulo tetraédrico, tais híbridas sobrepor-se-ão algo mais eficientemente para formar as ligações C—C. E mais, para manter a ortogonalidade, as duas restantes híbridas, farão um ângulo superior ao ângulo tetraédrico. Ora a equação fundamental (17) mostra que mediante combinações reais de s e p não é viável a obtenção de ângulos de valência inferiores a 90°. É necessário conseguir um compromisso. Parece que tal ocorre quando orbitais híbridas para as ligações C—C formam um ângulo de cerca de 100°, e então as ligações C—H, que podem permanecer em linha recta, formarão um ângulo de cerca de 115°, exactamente o valor determinado experimentalmente. As direcções das setas na Fig. 30 (a) mostram as direcções segundo as quais apontam as híbridas no plano. Como resultado as ligações são inclinadas (Fig. 30 (c)), e as respectivas densidades de carga são diferentes das de uma ligação em linha recta (Fig. 30 (b)).

Hartman e Hirshfeld * conseguiram uma extremamente interessante confirmação da existência destas ligações curvas, ao estudarem o derivado tri-ciânico representado na Fig. 31.

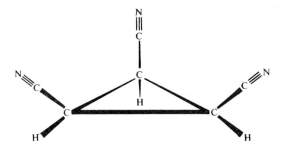

FIG. 31. O derivado tri-ciânico do ciclopropano.

Não será de prever que a substituição de três átomos de hidrogénio por grupos ciano venha provocar grandes alterações na densidade de carga electrónica no plano C_3. Neste plano temos três ligações curvas C—C. As regiões de sobreposição (p.47) para as orbitais híbridas representadas na Fig. 30 (a) não se disporão simetricamente segundo as linhas que ligam os átomos de carbono, mas sim fora do triângulo que elas definem. Assim enquanto o diagrama de diferenças de densidade relativo às ligações rectilíneas deveria mostrar (como mostra nos casos que foram estudados) um acréscimo de carga segundo a linha que une os átomos,

---

* Hartman, A., e Hirshfeld, F. L., (1966), *Acta Crystallogr.* **20**, 80.

no caso de ligações curvas tal acréscimo deverá surgir fora de tal linha. Isto é exactamente o que se observa experimentalmente, como convincentemente ilustra a Fig. 32.

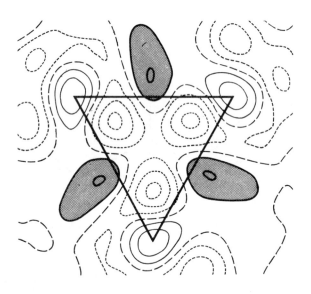

FIG. 32. Diagrama de diferenças de densidade para o tricianociclopropano no plano C_3. (A. Hartman, comunicação pessoal). As regiões de sobreposição importantes foram acentuadas a sombreado.

A teoria das tensões moleculares de Bayer surge-nos assim na sua interpretação moderna em termos de uma impossibilidade de obtenção de um máximo de sobreposição, impossibilidade resultante de factores de natureza espacial; tal determina um decréscimo na energia de ligação de sobreposição, e por conseguinte uma menor energia de ligação total (ou entalpia de formação).

Vantagens e desvantagens da hibridização

Será talvez útil, antes de concluirmos este capítulo, fazer uma apreciação da importância da hidridização (ou hibridação) em termos das suas vantagens e desvantagens. A primeira e mais importante razão para usarmos o conceito é a de que tal conceito nos permite que continuemos a pensar numa ligação química em termos de uma função de dois electrões construída de orbitais apropriadas ϕ_a e ϕ_b localizadas nos dois centros. Se insistirmos em que ϕ_a e ϕ_b são simplesmente OAs s ou p puras, então, como o exemplo do metano concludentemente revela, não existe um processo satisfatório de visualização simples da ligação, que embora originalmente estudada para H_2, tão bem se adaptava às conclusões empíricas da ligação por par-electrónico de G. N. Lewis. Porque se as orbitais no átomo de carbono em CH_4 não forem orbitais híbridas, uma das ligações C—H (a que utiliza C(2s)) resultará necessariamente diferente das restantes três (que utilizam $C(2p_x)$, $C(2p_y)$, e $C(2p_z)$). É um resultado que frontalmente contraria a experiência.

Uma segunda vantagem da utilização de orbitais híbridas é a de que tal aumenta fortemente a sobreposição entre ϕ_a e ϕ_b, e consequentemente determina um acréscimo de ligação. O processo segundo o qual a sobreposição depende da mistura de s e p vem ilustrado na Fig. 33 *, que representa o integral de sobreposição S para duas orbitais híbridas equivalentes do carbono rigidamente distanciadas. O valor máximo de S ocorre para as orbitais híbridas digonais sp da Fig. 29; e é muito superior aos valores obtidos recorrendo apenas a orbitais puras s ou p.

---

* Tirado de Maccoll, A. (1950). *Trans. Faraday Soc.*, **46**, 369.

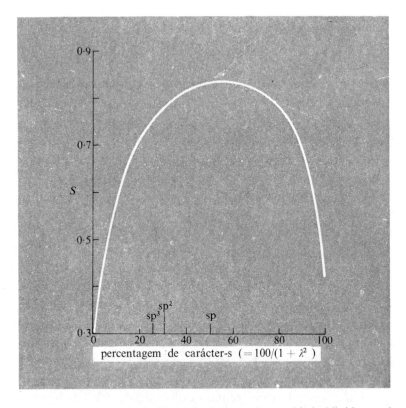

FIG. 33. O integral de sobreposição S para duas orbitais híbridas equivalentes da forma $s + \lambda p$, para um átomo de carbono, em função do valor do parâmetro de mistura λ e para uma distância internuclear fixa.

Uma terceira vantagem surge incidentalmente como uma espécie de bónus. Consideremos uma vez mais as orbitais híbridas trigonais sp² representadas na Fig. 28, e analisemos a interacção entre dois electrões situados em híbridas distintas. A parte relevante do diagrama vem reproduzida na Fig. 34 (a). A interacção principal é simplesmente a repulsão coulombiana semelhante à energia

$e_1 e_2/4\pi\varepsilon_0 r$ entre cargas e_1, e_2 situadas à distância r. Agora as posições médias dos electrões nas nuvens de carga das duas híbridas situam-se em P e Q, bem afastadas dos núcleos. Além disto os electrões raramente se aproximam um do outro. Por conseguinte a repulsão coulombiana entre as duas nuvens de carga é menor do que se, como na Fig. 34 (b), considerássemos um par de orbitais s e p:

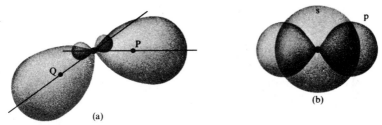

FIG. 34. A reduzida repulsão coulombiana entre dois electrões em orbitais híbridas trigonais (a), quando comparada com a repulsão entre uma orbital s e uma orbital p (b).

este diagrama mostra que existe então uma elevada probabilidade de os electrões se aproximarem, e assim aumentar o valor médio de $1/r_{12}$. Quanto mais afastados do respectivo núcleo se situarem os pontos P e Q (i. e., quanto mais acentuada for a característica direccional das orbitais híbridas) menor será a repulsão coulombiana. Igualmente o será a repulsão de permuta entre os dois electrões quando, como se verifica na formação de ligações com emparelhamento perfeito, eles exercem uma força repulsiva em todos os restantes electrões, excluídos aqueles com os quais estão emparelhados *.

---

* Para um átomo de carbono a repulsão coulombiana no caso trigonal é de 13.9 eV, enquanto que entre electrões em duas distintas orbitais p puras é de 15.1 eV, uma diferença de 1.2 eV. Este valor é da ordem de grandeza de metade da energia de uma ligação típica.

Uma quarta vantagem no uso de orbitais híbridas é a de que nos permitem compreender a correcta equivalência entre ligações semelhantes. Revela-se útil recorrer ao exemplo do CH_4, porque é óbvio que as quatro ligações C—H só podem ser equivalentes se usarmos orbitais equivalentes do átomo de carbono. Se estas são híbridas, então, como verificámos, tal é perfeitamente viável: de outro modo não o é.

E finalmente surge a vantagem do uso de orbitais híbridas nos permitir a previsão correcta de ângulos de valência. Assim podemos imediatamente ver porque é que em H_2O o ângulo de valência é superior a 90°, e porque é que a molécula CH_4 é tetraédrica e não quadrada.

Uma dificuldade com as orbitais híbridas é a de que, a não ser que a mistura a utilizar de s, p, d, ... venha determinada simplesmente pela simetria (como frequentemente ocorre), é necessário um cálculo complementar de um ou outro tipo para determinar os parâmetros de mistura. Sob o ponto de vista energético o uso de orbitais híbridas conduz-nos à ideia de um estado de valência. A energia deste estado de valência situa-se acima da do átomo no seu estado base e consequentemente a menos que a energia de sobreposição adicional compense, pequena é a vantagem da utilização de orbitais híbridas. Felizmente na generalidade dos casos a situação é vantajosa.

Diferentes tipos de orbitais híbridas

Não há justificação para que as orbitais híbridas devam ser formados apenas por orbitais atómicas s e p. Existe uma extensa gama de combinações de diferentes números de orbitais s, p, e d, cujas particularidades podem frequentemente ser determinadas com relativa facilidade por recurso à teoria dos grupos. Sob o ponto de vista químico, contudo, a condição para uma hibridização eficiente de duas ou mais OAs é a de que possuam aproximadamente a mesma energia (energia de ionização). Como condição equivalente temos a de que tenham aproximadamente o mesmo tamanho. É esta a condição que normalmente elimina hibridizações que envolvam orbitais de camadas internas e de camadas externas.

No capítulo seguinte trataremos de ângulos de valência em cada um dos grupos da tabela periódica, e assim, porque tal se revelará então útil, apresentamos, na Tabela 2, uma

TABELA 2
Tipos importantes de hibridização

Número de coordenação para as orbitais híbridas	Orbitais atómicas utilizadas	Orbitais híbridas resultantes (configuração espacial)
2	sp	Lineares
	dp	Lineares
	sd	Inclinadas (curvas)
3	sp^2	Trigonais planares
	dp^2	Trigonais planares
	d^2s	Trigonais planares
	d^2p	Trigonais piramidais
4	sp^3	Tetraédricas
	d^3s	Tetraédricas
	dsp^2	Tetragonais planares
5	dsp^3	Bipiramidais
	d^3sp	Bipiramidais
	d^4s	Tetragonais piramidais
6	d^2sp^3	Octaédricas
	d^4sp	Trigonais prismáticas

lista dos tipos de hidridização mais correntes, referindo conjuntamente as direcções para que apontam as orbitais híbridas resultantes.

Um comentário final — fala-se por vezes da hibridização como se se tratasse de um fenómeno físico, de algo que efectivamente acontece. O que não é verdade. É perfeitamente viável escrever funções de onda admiráveis para moléculas poliatómicas, sem a menor que seja a referência a orbitais híbridas. O valor da hibridização orbital é de natureza conceptual — estende a ideia de uma ligação a dois electrões, com uma nuvem de carga localizada, desde o caso das moléculas diatómicas simples tais como H_2 e F_2, até às moléculas poliatómicas. Sem a sua intervenção encontraríamos dificuldades na «explanação» da constância das propriedades das ligações tão característica de tais moléculas. A utilização de orbitais híbridas não se confina contudo às moléculas poliatómicas. Vimos na p. 83 que as ligações na molécula diatómica Li_2 envolviam uma pequena percentagem de hibridização. E mais, quando enumerámos as orbitais moleculares para o N_2 na p. 61 fizemo-lo admitindo implicitamente que $2\sigma_g$ resultava somente das OAs 2s dos dois átomos de nitrogénio, e $3\sigma_g$ das OAs $2p_z$. Trata-se na verdade de uma simplificação, pois que apresentando estas duas orbitais moleculares a mesma simetria, podem misturar-se, de acordo com a sugestão do teorema de Rayleigh-Ritz, conduzindo assim a orbitais moleculares formados com base em orbitais híbridas s-p. É em parte devido ao facto do grau desta hibridização variar de átomo para átomo que resulta por vezes invertida a sequência de energias das orbitais moleculares $1\pi_u$ e $3\sigma_g$.

EXERCÍCIOS

3.1. Mostre que em vez da forma apresentada no texto, as quatro orbitais híbridas tetraédricas do átomo de carbono podem apresentar-se na forma alternativa $\frac{1}{2}\{s \pm p_x \pm p_y \pm p_z\}$, onde $s, p_x, p_y,$ e p_z representam OAs normalizadas, e seleccionamos ou um ou os três sinais positivos.

3.2. Verifique que as orbitais híbridas trigonais sp^2 se podem escrever na forma normalizada $\sqrt{\frac{1}{3}}(s + \sqrt{2}p_x)$, $\sqrt{\frac{1}{6}}(\sqrt{2}s - p_x \pm \sqrt{3}p_y)$. Sugestão: mostre que estas híbridas estão normalizadas e são ortogonais; e que apontam no plano xy em direcções que formam ângulos de 120°.

3.3. Utilize a equação fundamental (17) (p. 84) para mostrar que orbitais híbridas com iguais percentagens de s e p_z são colineares.

3.4. Que esperaria acontecesse ao ângulo de valência em H_2O se a diferença de energia s—p no oxigénio se reduzisse a zero?

3.5. Porque é que a molécula CO_2 é linear, mas já a molécula NO_2 é angular?

3.6. No estudo da molécula H_2O (p. 83), afirmou-se que as OAs a utilizar pelo oxigénio eram híbridas de s e p. Porque não é o mesmo conceito de hibridização também importante para as orbitais do hidrogénio?

3.7. P_4 é uma molécula tetraédrica. Onde considera que o diagrama de diferenças de densidade mostre um acréscimo de carga? Pode formular alguma sugestão que justifique a estabilidade de P_4 em contraste com a instabilidade de N_4?

4. Regras de valência

Regras da valência — considerações preambulares

Concluímos a panorâmica dos métodos usados na discussão da ligação química, seguindo-se agora a sua aplicação aos diferentes tipos de átomos. A tabela periódica de Mendeleiev * mostra-nos que é razoável considerar globalmente todos os átomos como organizados em grupos. Na parte interna da página frontal da capa apresenta-se o convencional arranjo actual, e o número do grupo de cada coluna. As terras raras e os elementos transuranianos (lantanóides e actinóides) que surgem em separado na parte inferior da tabela não serão objecto de consideração neste livro, dado que representam o preenchimento das OAs f. As três séries de elementos de transição, às quais nem sempre se atribuem números de grupos (embora sejam frequentemente designadas por séries-A para as distinguir das séries-B situadas na extrema-direita de cada período longo da tabela), representam analogamente o preenchimento das OAs d. Como referimos na Tabela 2 há interessantes tipos de orbitais híbridas resultantes de combinações apropriadas de orbitais s, p e d.

A nossa descrição de uma ligação simples normal (ligação σ) baseia-se em dois electrões, normalmente um de cada átomo, com spins opostos vindo descrita, aproximadamente, por uma função de onda do tipo LV ou do tipo OM-localizada.

---

* A estrutura da tabela, e o seu papel na química, são descritos por R. J. Puddephatt em *The periodic table of the elements* (OCS 3). [Versão portuguesa: «O Quadro Periódico dos Elementos», Livraria Almedina, Coimbra.]

Esta função de onda é construída com base em duas orbitais, associadas com os dois átomos, e escolhidas de modo a sobreporem-se o máximo possível. Nas moléculas poliatómicas, e também nas diatómicas, estas orbitais serão híbridas adequadas; e as híbridas relativas a qualquer átomo deverão ser ortogonais. Tais orbitais híbridas são «úteis» sob o ponto de vista energético apenas sob a condição das suas orbitais componentes s, p, e d terem energias semelhantes. As híbridas dos dois átomos de uma ligação orientar-se-ão, normalmente, em linha recta dando origem a uma ligação rectilínea: se razões de natureza espacial não viabilizam esta situação, as ligações serão curvas, e resultará uma molécula mais fracamente ligada. Uma ligação dupla é uma combinação de uma ligação σ e de uma π; uma ligação tripla é $\sigma\pi^2$. Em toda esta descrição é relativamente indiferente a utilização do modelo LV ou do modelo OM-localizada.

Devemos contudo atentar que para utilizarmos uma OA neste processo é essencial que tal orbital não participe já em nenhuma outra ligação (mas atender ao teor da p. 83 para uma qualificação desta afirmação), ou esteja já completamente preenchida com os seus dois electrões. Neste último caso (e. g. NH_3, ver p.113) o mais que poderemos esperar será a formação de uma ligação dadora ou dativa (e. g. como no NH_4^+ ou $NH_3 . BF_3$). Isto significa que, excluindo as ligações dativas, o número de valência «normal» de um átomo é simplesmente o número de electrões desemparelhados na sua camada de valência. Tudo isto era muito bem conhecido sob o ponto de vista empírico desde longa data: mas a nossa explanação em termos da mecânica quântica permite-nos a sua compreensão a um nível mais profundo que o previamente conseguido.

Com estas considerações preliminares estamos aptos a encetar a discussão do comportamento, sob o ponto de vista da valência, grupo a grupo. Comecemos com o grupo 1.

Grupo 1: os átomos alcalinos

A característica comum a todos os átomos dos elementos do grupo 1 é a de possuírem um electrão de valência exterior a uma estrutura interna de camada-fechada. No caso do lítio este é o electrão 2s; para o sódio é o 3s, e assim sucessivamente. Com um electrão de valência desemparelhado será de esperar uma monovalência, e é exactamente o que se verifica. Como exemplos temos o Li_2 e o LiF. A distribuição do electrão exterior é extremamente difusa, do que resulta pequena a sua capacidade de sobreposição com uma orbital de um outro átomo. Consequentemente as ligações covalentes em que intervêm estes átomos são ligações fracas e compridas. Ligações mais fortes surgem nas moléculas polares, onde o átomo do grupo 1 cedeu praticamente o seu electrão de valência, e tendo um tamanho muito menor, pode aproximar-se mais do ligando. Esta situação surge claramente evidenciada pelos elevados valores dos momentos dipolares de tal tipo de moléculas diatómicas. Assim os momentos dipolares determinados para os halogenidos alcalinos diatómicos CsF, KBr, e NaCl tem valores respectivamente, de 7.9, 9.1, e 8.5 D. Estes valores poderão comparar-se com o da água (1.8 D) e do amoníaco (1.5 D).

Como o electrão de valência tipo s ocupa uma orbital de largo tamanho sem carácter direccional pode sobrepor-se razoavelmente bem com um determinado número de vizinhos dispostos simultaneamente na sua vizinhança imediata. É em parte deste facto que resulta a forte tendência destes átomos para a formação de metais, nos quais as ligações estão completamente deslocalizadas.

Quando um átomo do grupo 1 forma uma ligação, como no Li_2, incorporará uma certa quantidade de orbital p para assim conseguir, por mistura com a original orbital s obter um maior grau de sobreposição. A percentagem de carácter-p nas moléculas diatómicas deste grupo foi calculada por Pauling que obteve os resultados apresentados na Tabela 3.

TABELA 3

Hibridização nas moléculas diatómicas dos metais alcalinos

Molécula Percentagem de carácter-p	Li_2	Na_2	K_2	Rb_2	Cs_2
	14.0	6.8	5.5	5.0	5.5

Os valores relativamente pequenos obtidos revelam que as ligações são razoavelmente descritas como tratando-se de ligações entre orbitais s. Ainda não foram realizadas as determinações experimentais da densidade de carga, mas a Fig. 35 mostra os contornos obtidos por cálculos teóricos para o Li_2. Surgem bem evidenciados os pares da camada interna $(1s)^2$ em torno de cada núcleo. A parte exterior corresponde ao par de ligação, e, como seria de esperar, apresenta-se semelhante na forma ao presente na Fig. 11 para o H_2, caso onde a ligação resulta da orbital 1s em lugar da 2s, como é o caso para o lítio molecular. Na linguagem das OMs o par ligante (que é o único que contribui para o diagrama de diferenças de densidade presente na Fig. 22) encontra-se na orbital molecular $(2\sigma_g)^2$. Se remo-

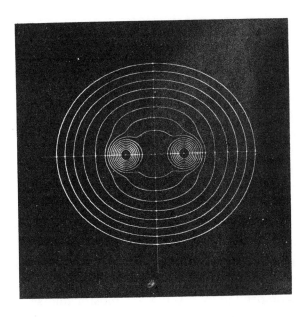

Fig. 35. Diagrama de contornos de densidade de carga electrónica total no Li_2. (O correspondente diagrama de diferenças de densidade, apresenta-se na Fig. 22.) (Reproduzido de *Science* **151**, 961 (1966), por permissão de A. C. Wahl.)

vermos um destes electrões, para obtermos Li_2^+, a capacidade de ligação do electrão $2\sigma_g$ presente é suficiente para manter tal espécie ligada. De facto a repulsão mútua entre os electrões constituintes do par $(2\sigma_g)^2$ no Li_2 é da ordem do poder ligante de cada um deles, de modo que a energia de dissociação não vem sensivelmente alterada após a remoção de um deles. Com efeito o valor para o Li_2^+ é de 1.55 eV, valor ligeiramente superior ao do Li_2 (1.12 eV). Tais valores exprimem claramente quão fracas são estas ligações.

Átomos do grupo 7: os halogénios

Mostra-se útil a apreciação, de seguida, do grupo 7 *. Este é constituído pelos halogénios F, Cl, Br e I e caracterizam-se pela presença de um electrão desemparelhado numa camada que de outro modo se encontraria completa. Assim para o F temos $(1s)^2(2s)^2(2p)^5$, enquanto temos para o gás nobre néon $(1s)^2(2s)^2(2p)^6$. Como existe apenas um electrão desemparelhado será um o número de valência corrente, e os átomos são monovalentes. A existência de HF, F_2, e ClF são exemplos que mostram ser correcta a expectativa formulada. Como (p. 88) a diferença de energia s–p é elevada para os átomos situados na parte terminal de qualquer período da tabela periódica, o grau de hibridização é muito pequeno, e as ligações são por conseguinte formados quase completamente por orbitais p. A Fig. 23 mostra que se como no HF, surge uma diferença marcada, de electronegatividade entre os átomos intervenientes, a ligação é manifestamente polar (μ_{HF} = 1.82 D, determinando uma distribuição formal de carga $H^{+0.4} F^{-0.4}$, e uma absorção praticamente completa do protão no interior da nuvem de carga do ião fluorido). Já notámos, na Tabela 1, como o decréscimo da diferença de electronegatividade ao descermos na coluna apropriada da tabela periódica determina uma polaridade decrescente no HCl, HBr, e HI.

Numa primeira perspectiva poderia parecer que isto era tudo quanto havia a referir sobre os halogénios. Tal não é contudo correcto pois que surgem valências mais elevadas e extremamente interessantes. Assim encontramos moléculas estáveis ClF_3 e BrF_3; trata-se de moléculas em forma de T

---

* Mais correctamente, grupo 7B.

(Fig. 36), com a ligação «vertical» mais curta, e por conseguinte presumivelmente mais forte, que as duas «horizontais». Existem também moléculas mais complicadas como por exemplo BrF$_5$ que é aproximadamente uma pirâmide tetragonal com o átomo de Br situado ligeiramente abaixo do plano onde se situam os quatro átomos de F, e IF$_7$.

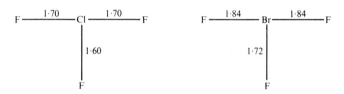

FIG. 36. As moléculas em forma de T, ClF$_3$ e BrF$_3$. Os comprimentos das ligações são expressos em Å (1 Å = 0.1 nm).

O processo mais simples para a compreensão da existência destas moléculas resulta da modificação de um modelo que posteriormente se nos revelará útil para a compreensão dos compostos dos gases nobres (p.124). Ilustremo-lo com o exemplo ClF$_3$.

Começamos (Fig. 37 (a)) com uma molécula normal Cl—F, descrita na forma usual por uma ligação σ, construída com base nas orbitais Cl(3p$_z$) e F(2p$_z$), onde consideramos o eixo dos *zz* segundo a direcção Cl—F. Em torno do núcleo do cloro existem várias orbitais, tais como a OA 3p$_x$, que não é utilizado na ligação Cl—F. Se ionizarmos um electrão de uma destas orbitais então temos um electrão desemparelhado com o qual (Fig. 37 (b)) podemos formar uma segunda ligação Cl—F, numa direcção perpendicular à primeira. O electrão ionizado deve ser colocado algures: aproximemos então um terceiro átomo de F capaz de o aceitar, resultando a estrutura de ligações representada na Fig. 37 (b). É óbvio que poderíamos ter invertido as situações atribuídas ao segundo e ao terceiro átomos de flúor, obtendo a situação representada na Fig. 37 (c). Agora

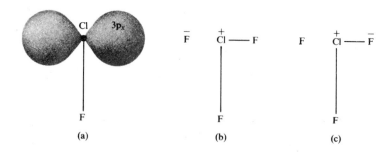

FIG. 37. A ligação na molécula ClF$_3$. (a) A orbital 3p$_x$ interveniente nas ligações lineares F—Cl—F. (b) e (c) representam estruturas contribuintes.

utilizamos o princípio de Rayleigh-Ritz (p. 31) para concluirmos que como será de esperar que a função de onda completa apresente propriedades características de ambos os diagramas, a podemos expressar na forma $\psi = c_1 \psi_\mathrm{I} + c_2 \psi_\mathrm{II}$, onde ψ_I e ψ_II representam as funções de onda correspondentes a (b) e a (c), respectivamente. E fazemos agora uso do método variacional para determinar c_1 e c_2. Contudo, por simetria, podemos falar de ressonância entre as duas estruturas de valência ψ_I e ψ_II.

Este modelo determina o posicionamento do segundo e do terceiro átomos de F no eixo da orbital 3p$_x$ do cloro, e assim leva à observada forma em T. Também sugere que as ligações nos braços do T sejam mais fracas que ligações simples vulgares, e permite assim uma explanação para as diferenças de comprimento que surgem na Fig. 36.

Esquemas análogos permitem a compreensão de outros sistemas poli-halogenados.

Átomos do grupo 6B

Consideremos de seguida os átomos dos elementos do do grupo 6B: O, S, Se, Te, e Po. A estrutura electrónica externa é aqui s^2p^4. Se escrevermos sob a forma $s^2p_xp_yp_z^2$ verificamos que há dois electrões desemparelhados. Tais átomos deveriam apresentar um valência normal igual a dois. E estes átomos do grupo 6 são na verdade na maior parte dos casos bivalentes. Já considerámos a molécula da água (p. 08), e mostrámos como, sem hibridização deveríamos prever um ângulo de valência de 90°. Contudo, se hibridizarmos as OAs s e p já prevemos um ângulo com um valor algo maior. Apresentam-se os valores observados para os dihidridos na Tabela 4. Há duas razões pelas quais o ângulo de valência em H_2O excede os 90°. Uma é a utilização de híbridas de s e p anteriormente descrita; a outra é de natureza puramente electrostática. Pois que dada a

TABELA 4
Ângulos de valência nos hidridos moleculares do grupo 6B

Molécula	H_2O	SH_2	SeH_2	TeH_2
Ângulo de valência	$104\frac{1}{2}°$	93°	91°	$89\frac{1}{2}°$

maior electronegatividade do O relativamente ao H, esperamos que cada ligação O—H involva ressonância covalente-iónica (p. 52) determinando uma carga positiva resultante em torno de cada protão. Estas duas cargas positivas vão repelir-se de acordo com uma força coulombiana de grandeza proporcional ao inverso do quadrado da distância, e assim resulta um aumento do ângulo H—O—H. Pressupostos razoáveis acerca das cargas sugerem que talvez esta causa seja a responsável por um acréscimo de 5° acima dos 90°:o restante será então resultado da hibridização. Como a diferença de electronegatividade diminui à medida que descemos no grupo, esperamos um decréscimo paralelo da contribuição electrostática para a abertura do ângulo. Mas não é ainda conhecida uma explicação simples satisfatória para o facto de, exceptuando o caso de H_2O, todos os ângulos de valência se situarem próximos do valor de 90°, implicando ligações através de orbitais p puras envolvendo assim um pequeno, ou mesmo nulo, grau de hibridização.

Se o átomo de oxigénio em H_2O for ionizado, temos mais um electrão desemparelhado podendo assim formar-se uma terceira ligação. Este processo permite-nos compreender a existência de compostos de oxónio, tais como H_3O^+, que se prevê sejam piramidais e não planares.

Mais uma vez existem valências mais elevadas. Assim surgem $TeCl_4$ e SF_6. Consideremos SF_6. Esta (como TeF_6) é uma molécula octaédrica. Se pretendemos descrever a ligação em termos de pares electrónicos, necessitamos de obter seis orbitais híbridas com uma configuração espacial octaédrica em torno do núcleo de S. Uma consulta à Tabela 2 mostra-nos que tal podemos conseguir com uma combinação $s–p^3d^2$. Como o estado base normal do S é s^2p^4, a obtenção do estado de valência apropriado exigir--nos-ia a promoção de um electrão s e de um electrão p para orbitais d vazias. A energia requerida por tais promoções é bastante elevada. Contudo, ao realizá-la ganhamos nada menos que quatro novas ligações, o que nos impõe que a consideremos pois como uma possibilidade. Não é ainda cabalmente conhecida a energética destes processos. Parte da dificuldade reside no facto de que num átomo isolado de S as orbitais 3d se situarem a uma boa distância para o exterior das orbitais 3s e 3p, de modo que, na ausência de algum mecanismo de compressão das orbitais d, que não actue nas orbitais s e p, não é viável conseguir uma hibridização efectiva. Conhece-se um tal tipo de mecanismo: se o átomo de S for parcialmente ionizado (como o seria com ligações polares S—F) parece verificar-se então uma contracção das orbitais d. O assunto ainda não se considera encerrado e uma descrição alternativa, que não envolve qualquer referência a orbitais d, é discutida num dos exercícios presentes no fim deste capítulo.

Átomos do grupo 5B

Os átomos dos elementos do grupo 5B: N, P, As, Sb e Bi formam ligações por um processo muito semelhante ao dos átomos dos elementos do grupo 6B. Possuem três electrões desemparelhados nas respectivas camadas de valência. Os átomos serão assim, normalmente trivalentes. Os electrões desemparelhados situam-se em orbitais p, de modo que, sem hibridização, esperamos ângulos de valência, próximos de 90°. A Tabela 5 mostra-nos, que efectivamente, tal é o

TABELA 5
Ângulos de valência para os hidridos moleculares do grupo 5B

Molécula	NH_3	PH_3	AsH_3	SbH_3
Ângulo de valência	107°	$93\frac{1}{2}°$	92°	91°

que experimentalmente se observa, com a excepção do amoníaco NH_3. Exactamente como com o grupo 6B tal mostra que com a excepção de NH_3, as ligações usam orbitais p praticamente puras. No amoníaco, contudo, o ângulo de valência apresenta um valor apenas ligeiramente inferior ao do ângulo tetraédrico de $109\frac{1}{2}°$, de modo que temos que admitir uma hibridização essencialmente tetraédrica no átomo de N. Isto implicaria que os dois electrões do par-isolado apresentam uma nuvem de carga que se projecta para longe do núcleo de N de um modo muito semelhante ao ilustrado para H_2O na Fig. 27. Não surge pois como surpresa, o facto do amoníaco adicionar muito facilmente um protão para formar o ião tetraédrico amónio, NH_4^+. Neste processo o valor do comprimento da ligação N—H experimenta um acréscimo apenas de 1.01 Å para 1.03 Å, facto que mostra quão fortemente localizadas devem ser as ligações NH.

Os electrões de pares-isolados como os do amoníaco exercem uma forte repulsão sobre electrões de outros pares-isolados. Tal repulsão é da maior importância na determinação da forma da hidrazina $H_2N—NH_2$. Em torno de cada N a distribuição electrónica assemelha-se à do amoníaco. Mas se (Fig. 38) situarmos os dois grupos NH_2 numa

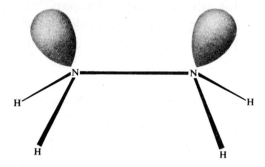

FIG. 38. A hidrazina N_2H_4. O diagrama representa a configuração eclipse, uma configuração instável pois que nela se exerce uma forte repulsão mútua entre os pares-isolados, destacados a sombreado. Tal determina a rotação de um dos grupos NH_2 relativamente ao outro, em torno do eixo N—N.

configuração eclipse, os dois pares-isolados ficam próximos um do outro com uma consequente forte repulsão mútua. A minimização desta repulsão determina a rotação dos grupos NH₂ em torno da ligação N—N e o abandono da configuração eclipse. O valor experimental do ângulo azimutal é de cerca de 95°.

Há muitos outros compostos diferentes neste grupo. Como não dispomos de muito espaço vamo-nos limitar à discussão de apenas um tipo, o caso da penta-coordenação. Como exemplos familiares referimos PCl₅, PF₅, AsF₅, e SbCl₅. São todos bipirâmides trigonais, como ilustrado na Fig. 39

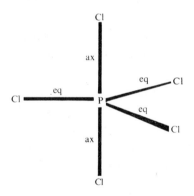

FIG. 39. A molécula bipiramidal-trigonal PCl₅. As ligações axiais, ax, são mais compridas e mais fracas do que as ligações equatoriais, eq.

para o PCl₅. Aqui as ligações equatoriais P—Cl, marcadas eq, são mais fortes e mais curtas (2.04 Å) do que as ligações axiais, ax (2.19 Å). A Tabela 2 mostra-nos que cinco orbitais híbridas com uma configuração espacial de bipirâmide trigonal se podem construir de sp³d. Como o estado base do P é s²p³ tal implica uma promoção s → d como necessária à obtenção do apropriado estado de valência.

Esta promoção permite a formação de duas ligações-extra; poderá tornar-se viável, como no caso anteriormente discutido de SF_6, se houver possibilidade de contrair a orbital 3d. Existe, contudo, um esquema alternativo, que não envolve orbitais d. Utilizamos primeiro as orbitais sp_xp_y do fósforo para formarmos orbitais híbridas trigonais (p. 89) e construímos assim as ligações equatoriais P—Cl. Resta então o par $P(3p_z)^2$ ainda disponível, par onde a direcção z coincide com a do eixo vertical do diagrama. Agora podemos utilizar este par de maneira análoga à utilização que fizemos de um par semelhante na discussão de ClF_3 (ver a Fig. 37) para ligar dois átomos mais electronegativos segundo este eixo. Um tal modelo não requer a utilização de qualquer das orbitais d, e a sua aplicação prediz correctamente que as ligações equatoriais deverão ser mais fortes que as axiais. Argumenta-se com frequência a favor do uso de orbitais-d, que estas moléculas penta-coordenadas não surgem quando o átomo central é o nitrogénio: e obviamente não há orbitais d na camada de valência do nitrogénio (as orbitais d surgem com 3d) enquanto existem orbitais d razoavelmente acessíveis em todos os átomos mais mássicos deste grupo.

Átomos do grupo 2

Os átomos dos elementos do grupo 2A (Be, Mg, Ca, ...) têm dois electrões nas respectivas camadas de valência. Dado que no estado base estes electrões se encontram emparelhados na forma $(ns)^2$, onde $n = 2$ para o Be, 3 para o Mg, etc., deveríamos concluir que a valência característica de cada um destes átomos seria zero. Contudo, a promoção para um estado de valência com base em sp permite dispor de dois electrões desemparelhados, e, por conseguinte duma bivalência. Uma tal promoção não é excessivamente «dispendiosa», e fornece duas ligações extra. (No Be, considerando a média dos estados singuleto e tripleto, $^{1,3}P$, que resultam de 2s2p, a energia de excitação tem o valor de 4.0 eV, i. e., 390 kJ mol^{-1}; tal valor é bastante inferior ao que poderíamos esperar ganhar mediante a formação de duas novas ligações. No Mg, Ca, ..., a energia de promoção é menor).

Consideremos duas moléculas distintas, BeO e HgMe$_2$ em termos desta promoção sp. O átomo de Be encontra-se após a promoção com uma configuração $(1s)^2(2s)(2p_x)$. Trata-se de um estado de valência bivalente, podendo portanto formar duas ligações com um átomo de oxigénio, a ligação σ surgindo das OAs 2s e a ligação π das OAs 2p$_x$, sendo a direcção x perpendicular ao eixo molecular. A confirmação de que se trata de uma boa descrição está no valor do comprimento da ligação Be—O, de 1.33 Å. Este valor é efectivamente inferior em 0.01 Å ao comprimento da ligação Be—H no BeH, não obstante o facto de ser o valor do raio de ligação simples do O de 0.74 Å e o do H ser de 0.30 Å. Evidentemente no BeO temos presente uma ligação dupla.

O caso do dimetil-mercúrio HgMe$_2$ é típico de uma classe de compostos análogos, como por exemplo MgF$_2$, MgCl$_2$ e MgBr$_2$, compostos todos com uma geometria linear. O estado base do mercúrio é (6s)^2, e a promoção para o estado de valência 6s6p deverá determinar uma bivalência. Contudo, se pretendemos obter duas ligações idênticas não podemos utilizar as orbitais 6s e 6p nesta forma: teremos que utilizar as duas orbitais híbridas digonais 6s ± 6p. A Fig. 29 mostra-nos que as duas, agora possíveis, ligações σ apontam em direcções diametralmente opostas, determinando assim uma geometria linear para a molécula. Alguma confirmação muito interessante desta descrição do HgMe$_2$ resulta de medições calorimétricas. A energia de dissociação necessária para a ruptura da primeira ligação Hg—Me é de 213 kJ mol^{-1}, mas a necessária para romper a segunda dessas ligações é apenas de 23 kJ mol^{-1}. A explanação desta aparente quebra na constância das propriedades das ligações é a de que quando retiramos o segundo grupo metilo, o átomo de mercúrio fica isolado, e reverterá por conseguinte de um estado sp para o seu estado base s^2. Neste último processo recuperamos a energia do estado de valência (talvez ligeiramente alterada pela ausência do primeiro grupo metilo). Assim, mesmo que seja necessária a mesma energia para romper a segunda ligação Hg—Me (sem alterar a hibridização) que é necessária à ruptura da primeira, esta recuperação da energia de promoção fá-la-ia, aparecer com um valor muito menor, e é de facto o que se verifica. Sem esta recuperação resultaria de difícil compreensão a grande diferença de valores entre a primeira e a segunda energias de dissociação.

Obtêm-se resultados análogos ao antérior para outras moléculas, como por exemplo CH$_3$—Hg—X e X—Hg—X, onde X representa Ba, Cl, ou I.

Surge uma diferença muito curiosa entre os elementos dos grupos 2A e 2B. O Hg pertence ao grupo 2B, o Ba ao grupo 2A. A diferença entre estes dois átomos é a de que, embora tenham ambos electrões (6s)^2 na camada exterior, no Ba a camada 5d está vazia, enquanto no Hg está cheia. Consequentemente a excitação de menor energia viável no Hg é da 6s para a 6p, mas no Ba já é da 6s para a 5d. Os dois estados de valência resultam pois diferentes. Já verificámos que no Hg as orbitais híbridas s $\pm$ p determinam ligações formando um ângulo de 180°. No Ba, contudo, a Fig. 40 (e a Tabela 2) mostram-nos que as orbitais híbridas s ± d determinam ligações formando um ângulo de 90°. Pouco é conhecido acerca das formas dos compostos de bário, mas é interessante anotar que o BaF_2 é angular, e não linear, em pleno acordo com a expectativa que o modelo descrito propõe.

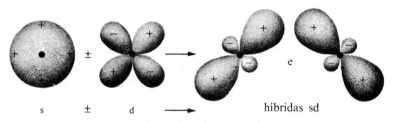

FIG. 40. Diagrama esquemático para mostrar que a hibridização sd determina uma forma angular para a molécula.

Átomos do grupo 3B

É nesta altura fácil a discussão inerente aos átomos dos elementos do grupo 3B. A camada de valência do boro é $(2s)^2(2p)$, e assim é um, o número de valência característico. A monovalência está presente em BH, BF, BBr, e BCl. Mais frequentemente porém consideramos a promoção do átomo para um estado de valência baseado em $2s2p_x2p_y$: haverá então três ligações. Se são todas equivalentes, como é a situação presente em BF_3 e BCl_3, recorremos a sp_xp_y para formar orbitais híbridas trigonais, como ilustrado na Fig. 28. Será então de prever a obtenção duma molécula plana com um eixo de simetria ternário. E é precisamente o que se verifica.

Contudo, logo que façamos intervir uma quarta orbital perdemos a configuração trigonal, e assim por um processo análogo à adição de um protão a NH_3 para obtermos o ião tetraédrico amónio NH_4^+, também BF_3 pode adicionar um ião fluorido para formar o ião tetraédrico BF_4^-. Também se encontra igualmente o BH_4^- no estado cristalino das espécies $NaBH_4$, KBH_4, e $RbBH_4$.

A tendência do átomo de boro para utilizar a quarta orbital da sua camada de valência e assim conseguir uma camada fechada com um octeto electrónico não se revela apenas nos iões que acabamos de referir, mas no facto de que, embora não exista BH_3, já existe o diborano B_2H_6. E mais, B_2H_6 é apenas um exemplo de um grande número de hidridos de boro com importantes propriedades químicas. A descrição da ligação nesta molécula ficará reservada para o próximo capítulo por uma razão de sistematização: até este momento temo-nos concentrado na descrição de ligações localizadas unindo dois átomos e não é viável apresentar um tratamento satisfatório do domínio dos hidridos de boro num tal esquema de ligação.

Considerar-nos-emos satisfeitos com uma referência à molécula amoníaco-borano, $H_3N \cdot BH_3$, na qual por doação electrónica para um estado representado por $H_3N^+ - BH_3^-$ conseguimos estabelecer uma organização tetraédrica nos dois extremos da ligação central, e, ainda mais, obter um razoável valor de 1.56 Å para o comprimento da ligação nitrogénio--boro. Tal valor coincide praticamente com o comprimento de 1.54 Å que será de esperar por adição dos valores dos raios covalentes do B e do N, respectivamente de 0.81 Å e 0.73 Å.

Átomos do grupo 4B

A discussão dos átomos dos elementos do grupo 4B contribui com muito pouco que seja novo relativamente às diferentes situações já descritas nos grupos anteriormente considerados, exceptuando talvez o facto de surgirem praticamente todas em função das circunstâncias. Já referimos (p.86) que é dois o número de valência característico, mas que uma energia de promoção relativamente baixa $s^2p^2 \to sp^3$ possibilita um estado de valência com uma valência quatro. Se usarmos sp^3 para formar quatro orbitais híbridas equivalentes (p. 87) surgem muito naturalmente os familiares ângulos de valência tetraédricos associados com um átomo saturado (e. g. CH_4, SiH_4, GeH_4, C_2H_6). Se utilizarmos sp^2 para formar orbitais híbridas trigonais (p. 89) obtemos três ligações planares definindo ângulos de 120° e a possibilidade de uma ligação π, como no etileno ou no formaldeído $H_2C=O$. Se usarmos sp para formar orbitais híbridas digonais, como ilustrado na Fig. 29, temos as híbridas colineares típicas de um carbono acetilénico, como em $HC\equiv CH$. A ligação praticamente p pura ocorre no radical CH, onde pouco há a ganhar com a alteração do carácter s do grupo $(2s)^2$ de baixa energia.

A grande versatilidade dos átomos do grupo 4B, e particularmente do carbono, permite-nos contudo o estudo de determinadas pequenas diferenças, que não surgem tão frequentemente ou com tanta disponibilidade nos outros grupos. O melhor exemplo é o da ligação C—H. Os parágrafos antecedentes mostram que na formação desta ligação o átomo de carbono utiliza orbitais híbridas com graus variáveis de carácter s e p. Temos de considerar os integrais de sobreposição para estas orbitais híbridas (agora entre o C e o H e não como ilustrado na Fig. 33 entre C e C: mas o resultado pretendido é exactamente o mesmo). Pode demonstrar-se que o máximo de sobreposição se obtém com a orbital híbrida digonal sp, seguindo-se a configuração trigonal sp^2 e finalmente a tetraédrica sp^3. Esperamos então que uma ligação C—H acetilénica seja mais forte e mais curta que uma ligação C—H etilénica (ou aromática), e que esta seja por sua vez mais forte e mais curta que a ligação C—H parafínica. E é precisamente o que demonstra a Tabela 6.

TABELA 6

Propriedades das ligações C—H em função de diferentes tipos de hibridização

Hibridi-zação	Molécula	(Comprimento da ligação C—H)/nm	(Constante de força de extensão)/Nm^{-1}	(Energia aproximada da ligação)/kJmol^{-1}
sp	acetileno	0.1061	639.7	500
sp^2	etileno	0.1086	612.6	440
sp^3	metano	0.1093	538.7	430
(p)	radical CH	0.1120	449.0	330

Mesmo que estes valores venham a ter ligeiras alterações, resultado do aperfeiçoamento dos métodos experimentais, não surgem dúvidas quanto ao facto de que eles confirmam plenamente as previsões enunciadas. Obtêm-se resultados análogos para as ligações C—Cl, embora agora a situação se torne um pouco mais complicada em consequência do aparecimento de uma pequena percentagem de ligação π a complementar a pura ligação σ das ligações C—H. Será de notar que da análise dos valores presentes na tabela se verifica que o raio covalente de um átomo de carbono em diferentes tipos de hibridização varia quase linearmente com o grau de carácter s ou p.

As ideias que desenvolvemos para o carbono deverão revelar-se de aplicação generalizada. Assim podemos compreender a atribuição de diferentes valores de raios covalentes aos átomos, em função do número e do tipo de coordenação em jogo.

Dos tipos correntes de ligação que envolvem o carbono, os únicos que não foram considerados na discussão anterior são os presentes nos sistemas conjugados como o butadieno e nos sistemas aromáticos como o benzeno. A sua discussão reserva-se assim para o próximo capítulo sob a designação genérica de ligações policêntricas.

Átomos do grupo 0: os gases nobres

Os átomos dos elementos do grupo O — por vezes também denominado por grupo 8 — He, Ne, Ar, Kr, Xe, e Rn têm uma camada de valência fechada: assim no He é $(1s)^2$ mas é em todos os restantes s^2p^6. Dado que não há electrões desemparelhados, esperamos que o número de valência característico seja zero. É uma situação frequente, e justifica a designação de gases nobres. Tal não significa porém que nunca se combinam para formar moléculas.

Um processo para ligar um átomo de gás nobre é o de o ionizar, pois que então apresenta um electrão desemparelhado e deverá assemelhar-se ao halogénio que imediatamente o precede na tabela periódica. O Ar^+ assemelha-se assim ao Cl (estritamente, é *isoelectrónico* com ele) e esperamos então que a espécie ArH^+ seja estável, e isoelectrónica com ClH. A sua energia de ligação é de facto de 394 kJ mol^{-1}.

O caso do He_2^+ é interessante. O ião molecular é bastante estável (D = 258 kJ mol^{-1}) com uma descrição na teoria OM $(1\sigma_g)^2(1\sigma_u)$. Temos dois electrões em OMs ligantes e um numa OM antiligante, resultando tais orbitais moleculares do mesmo conjunto de OAs 1s; denominamos tal ligação uma ligação a três electrões.

Um outro processo de obter ligação com átomos de gases nobres é o de excitar um deles. Tal deixa-nos com um electrão na camada de valência inicial que está agora disponível para a ligação. Assim, embora o He₂ não forme uma ligação química estável, esta molécula apresenta um espectro electrónico muito rico, a totalidade do qual representa estados que se dissociam em um (ou dois) átomos de He excitados.

O terceiro tipo de ligação nos gases nobres é realmente o mais interessante, embora apenas em 1961 tenha sido descoberto. Conhecendo-se a estabilidade e a geometria linear da espécie ICl_2^- e sabendo-se que o Xe é isoelectrónico com I⁻, seria de prever que XeF_2 seria estável e linear. Tal revelou-se ser uma previsão correcta. E o mesmo se confirmou para KrF_2. A explicação desta situação processa-se segundo o esquema apresentado na p. 109 aquando do estudo de ClF_3. Começamos com um átomo isolado de Xe, e ionizamo-lo. Segue-se a ligação a um átomo de F. Como é conhecido que $D(XeF^+) > 200$ kJ mol⁻¹ trata-se de um tipo médio de ligação. O electrão ionizado é agora atribuído a um segundo átomo de F (Fig. 41 (a)). O diagrama de ligação resultante terá associada a sua imagem num espelho plano, ilustrada na Fig. 41 (b). A ressonância entre estas duas representações resulta numa molécula linear estável.

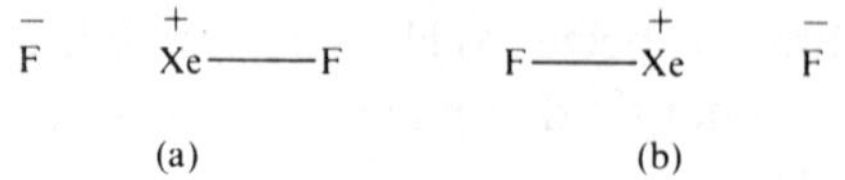

$$\overset{-}{F} \quad \overset{+}{Xe}\text{——}F \qquad F\text{——}\overset{+}{Xe} \quad \overset{-}{F}$$

(a)　　　　　　　(b)

FIG. 41. As duas principais estruturas ressonantes na molécula XeF_2.

Presentemente conhece-se uma numerosa família de compostos deste tipo. Como o ponto de partida envolve a ionização do átomo de gás nobre, estas moléculas são estáveis se esta energia de ionização não for demasiado elevada.

É esta a razão porque são conhecidos compostos deste tipo em que intervêm Kr, Xe, e Rn, mas não Ne, He, e Ar. São igualmente conhecidos vários óxidos. Assim (ver os exercícios no final do capítulo) XeO_3 é piramidal, XeO_4 quadrado planar, e XeF_6 é aproximadamente octaédrico. Nada referimos acerca dos compostos dos metais de transição, das terras raras ou dos transuranianos. Raramente é viável uma descrição de tais compostos mediante ligações localizadas e, quando possível, continuam válidas as regras enunciadas: um tratamento adequado requer normalmente o recurso à teoria das orbitais moleculares completamente deslocalizadas.

EXERCÍCIOS

4.1. Mostre que se escrevermos o ião carbonato CO_3^{2-} na forma $C^+(O^-)_3$, é então possível uma explicação simples da sua geometria trigonal planar em função de orbitais híbridas apropriadas, do átomo de carbono.

4.2. Porque será de prever uma geometria linear para a molécula ICl_2^-?

4.3. Porque não é a molécula H_2O_2 uma molécula plana, mas as duas direcções OH correspondem a uma rotação de cerca de 100° em torno do eixo O—O relativamente à configuração planar *cis*?

4.4. Com as ideias subjacentes à elaboração da Fig. 37 descreva um modelo da molécula SF_6 que não requeira a utilização de orbitais *d*. É-lhe agora compreensível o facto de SF_6 ser estável, mas já não o ser SH_6?

4.5. Use o modelo da Fig. 41 para mostrar que: (a) XeF_4 deverá ter uma geometria de quadrado planar, (b) XeO_3 deverá ser piramidal, e,(c) XeO_4 deverá ser tetraédrica. Todas estas previsões são correctas.

4.6. Descreva a ligação no TeCl$_4$, cuja estrutura é conhecida e se representa na figura abaixo. O ângulo de valência equatorial θ é de cerca de 90°. Quais das ligações prevê sejam as mais fortes: a axial ou as ligações equatoriais Te—Cl?

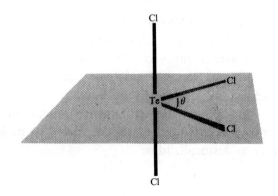

5. Ligações deslocalizadas

A ligação policêntrica

Já afirmámos que alguns tipos de ligação não são de fácil descrição em termos de ligações bicêntricas formadas por dois electrões. Tal descrição requer orbitais deslocalizadas e, a menos que nos propunhamos alargar o conceito de ligação de modo que tal se transforme num conceito policêntrico e não apenas bicêntrico, não se nos tornará fácil a compreensão das novas situações.

Consideremos, como o exemplo mais simples, a molécula H_3^+, que se sabe ser estável e definir um triângulo equilátero (Fig. 42). Há apenas dois electrões, mas estes electrões terão de conseguir manter unidos os três átomos. Se vamos falar de orbitais monoelectrónicas, então é evidente que esta molécula é melhor descrita mediante uma ligação de dois electrões tricêntrica. Na linguagem do Capítulo 2 em vez de uma OM bicêntrica $\phi_a + \phi_b$, temos agora uma OM tricêntrica $\phi_a + \phi_b + \phi_c$. Dois electrões nesta OM deslocalizada, com spins opostos, fornecem a necessária

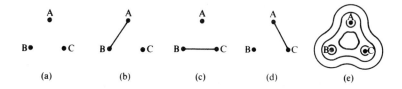

FIG. 42. A molécula H_3^+. (a) A geometria de equilíbrio definindo um triângulo equilátero. (b), (c), (d) Estruturas canónicas componentes, adentro da discussão em termos de ligações localizadas. (e) Orbital molecular, contendo dois electrões e formando uma ligação tricêntrica, a dois electrões.

energia de ligação. Este modelo é muito mais simples que o resultante da linguagem velho estilo de ligações bicêntricas. Seríamos então forçados a falar de ressonância entre os três diagramas de ligação representados na Fig. 42 (b), (c), e (d).

Este exemplo propõe-nos um novo modelo para o problema que considerámos na p.124 — a molécula XeF_2. Na Fig. 41 representou-se esta molécula em termos de uma ressonância entre duas estruturas canónicas. Estas envolviam a orbital 5p do Xe, dirigida segundo o eixo molecular, e duas orbitais 2p de F, com as direcções positivas apontando convenientemente segundo as setas presentes na Fig. 43. Seguindo a técnica utilizada anteriormente para

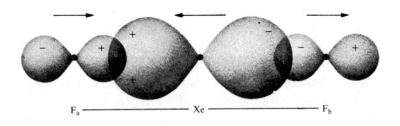

FIG. 43. As orbitais atómicas utilizadas nas ligações tricêntricas da molécula de XeF_2.

H_3^+ usamos a aproximação CLOA, e construímos OMs com base nas três OAs F_a, F_b e Xe. Todas estas OAs têm simetria σ; mas existe também um centro de inversão, o que determina, como referido na p. 60, a atribuição de um carácter u ou g a cada orbital molecular. Como a orbital do Xe é ímpar (carácter u), não poderá surgir em nenhuma das OMs tipo g. Assim as três OMs deslocalizadas que podemos construir a partir das três OAs têm a forma,

$$1\sigma_u = F_a + F_b + \lambda Xe,$$
$$1\sigma_g = F_a - F_b,$$
$$2\sigma_u = F_a + F_b + \mu Xe,$$

expressões onde λ e μ representam dois parâmetros numéricos (com sinais contrários devido à ortogonalidade de $1\sigma_u$ e $2\sigma_u$), e cujos valores serão determinados por aplicação do princípio variacional de Rayleigh. A sequência destas três OMs é a de energia crescente do modo que os quatro electrões disponíveis dispõem-se na configuração $(1\sigma_u)^2(1\sigma_g)^2$. Não há efectivamente sobreposição entre F_a e F_b, do que resulta que $1\sigma_g$ é uma orbital não-ligante e as ligações no XeF_2 são assim devidas a uma orbital tricêntrica com dois electrões $(1\sigma_u)^2$. O leitor facilmente reconhecerá que o máximo de sobreposição em $1\sigma_u$ se obtém quando os três átomos são colineares, exactamente o resultado a que tínhamos chegado na discussão inicial em termos de ressonância.

O diborano

Este tipo de modelo permite-nos apresentar uma descrição simples do diborano B_2H_6, molécula para a qual não conseguimos formular um tratamento adequado em termos de ligações bicêntricas na p. 120. A Fig. 44 (a) representa a molécula: os dois grupos BH_2 um em cada extremo, situam-se num mesmo plano, e os hidrogénios H_1 e H_2 que definem as pontes de ligação entre tais grupos situam-se simetrica-

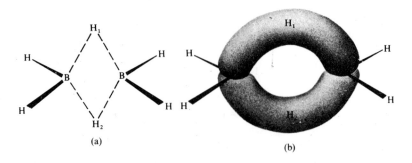

FIG. 44. O diborano B_2H_6. (a) A forma geométrica da molécula. (b) As duas ligações tricêntricas a dois electrões que ligam os protões-ponte H_1 e H_2.

mente respectivamente acima e abaixo deste plano. Se fossemos admitir que cada segmento de recta no diagrama representava uma ligação simples vulgar, verificaríamos que necessitávamos de dezasseis electrões, enquanto de facto dispomos apenas de doze. Mas se considerarmos que as ligações externas B—H são do tipo σ normal, com dois electrões localizados em cada uma delas então restam-nos quatro electrões disponíveis. Podemos atribuí-los a duas OMs tricêntricas que estão representadas na Fig. 44 (b). Por este processo utilizamos o número correcto de electrões, e realizamos de imediato porque é que os átomos de hidrogénio a servir de pontes se situam simetricamente acima e abaixo do plano dos outros seis átomos. E mais, se a hibridização em torno de cada átomo de boro for aproximadamente tetraédrica também compreendemos como são utilizadas as quatro orbitais s, p_x, p_y, p_z da camada de valência de cada átomo. Numa afirmação de carácter geral diremos que mediante este processo cada átomo de boro arranja maneira de obter um octeto electrónico completo.

Podemos utilizar argumentos deste género para descrever todos os inúmeros hidridos de boro actualmente conhecidos. Mas a questão a sublinhar é a de que tal seria extremamente mais difícil de conseguir sem a introdução do conceito de orbitais moleculares deslocalizadas.

Diagramas de Walsh

Um interessante problema primeiramente estudado em pormenor por A. D. Walsh * diz respeito às variações de forma molecular que podem ocorrer quando a molécula é ionizada ou passa a um estado electrónico excitado. Assim enquanto o estado base de H_2O é triangular alguns dos seus estados excitados e pelo menos um estado do seu ião positivo aparecem-nos com uma geometria quase ou mesmo exactamente linear. Como explicar tais factos? Não surge como óbvia a resposta a esta questão se usamos uma descrição em termos de ligações localizadas como descrito na p. 77. Assim, se considerarmos que a ionização teve lugar numa das duas ligações O—H, estamos no caminho errado; dado que não temos maneira de identificar em qual das duas ligações idênticas se verificou a perda dum electrão, no mínimo, devemos ter de considerar uma função de onda para o estado excitado que envolva ambas as ligações. Walsh demonstrou contudo que se usarmos OMs completamente deslocalizadas a situação torna-se muito mais simples e mais instrutiva. A argumentação é a que se segue**.

---

* Walsh, A. D. (1953). *J. Chem. Soc.* 2260-2331.
** Um tratamento simples surge num artigo de revisão de C. A. Coulson (1970), Capítulo 6 de *Physical Chemistry*, Volume 5 (Valency), ed. por Eyring, Henderson, e Jost, Academic Press, New York e London, p. 315.

A molécula de água (Fig. 45) tem simetria C_{2v}. Tal significa que as orbitais moleculares completamente deslocalizadas pertencem a uma das quatro possíveis classes de simetria: a_1, a_2, b_1, b_2. As OMs dos tipos a_1 e a_2 perma-

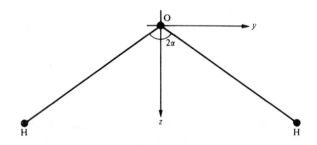

FIG. 45. A molécula de água H_2O. O eixo dos xx é perpendicular ao plano HOH.

necem inalteradas por uma rotação de 180° em torno de Oz, enquanto as OMs dos tipos b_1 e b_2 trocam de sinal após tal operação. Analogamente as OMs dos tipos a_1 e b_2 permanecem inalteradas por reflexão no plano molecular, enquanto uma tal reflexão troca o sinal das dos tipos a_2 e b_1. Esta descrição define completamente as propriedades de simetria de cada orbital molecular.

Há oito electrões de valência que ocupam as OMs $1a_1$, $1b_1$, $2a_1$, $2b_1$, sendo esta a sequência de energias crescentes. Walsh considerou seguidamente o modo como variaria a energia destas quatro OMs em função de uma possível variação do ângulo de valência 2α, obtendo neste estudo o conjunto de curvas representadas na Fig. 46.

De acordo com este diagrama um electrão numa orbital molecular $1a_1$ possui a menor energia, *i. e.*, determina uma melhor ligação, se o ângulo de valência aumenta. O mesmo

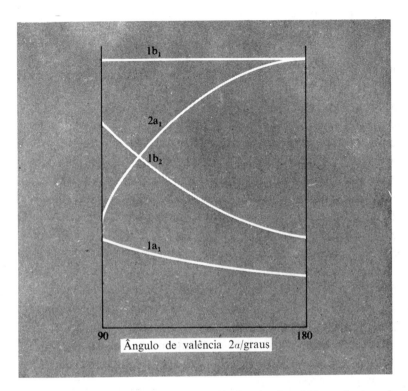

FIG. 46. Diagrama de Walsh para moléculas do tipo AH_2, onde A pode representar qualquer dos átomos Be, B, C, N, ou O.

é ainda válido para um electrão em $1b_2$. Mas já para $2a_1$ ocorre precisamente o contrário, enquanto que um electrão em $1b_1$ não tem praticamente qualquer influência no ângulo de valência. No estado base da molécula as quatro OMs estão todas duplamente ocupadas, e temos um valor experimental para o ângulo de valência de $104\frac{1}{2}°$ que traduz um compromisso entre a tendência dos pares de electrões $(1a_1)^2(1b_2)^2$ para abrir o ângulo de valência, e a do par

$(2a_1)^2$ para o fechar. Tal significa que se retirarmos um electrão da OM $2a_1$, o ângulo de valência aumentará e a molécula aproximar-se-á da geometria linear ou tornar-se-á mesmo linear.

A etapa seguinte é a de admitir a existência de curvas análogas às representadas na Fig. 46 para todas as moléculas e iões do tipo AH_2. Se tal for válido então as moléculas com quatro electrões (BeH_2, BH_2^+) deverão ser lineares, mas aquelas com 5, 6, 7, ou 8 electrões deverão ser angulares. A experiência confirma tais previsões. Assim BH_2, uma molécula com 5 electrões, apresenta um ângulo de valência de 131° no estado base, mas já se torna linear num estado excitado que corresponde à excitação $1b_1 \leftarrow 2a_1$. Moléculas com seis electrões, com dois electrões na OM $2a_1$, deverão ter um menor ângulo de valência (para CH_2 o ângulo é de 103°). As moléculas com sete electrões também deverão ser angulares, com um ângulo cujo valor será análogo do das com seis electrões. Assim NH_2 tem um ângulo de 103° no estado base, mas torna-se linear na excitação $1b_1 \leftarrow 2a_1$. Moléculas com oito electrões como é o caso de H_2O, deverão apresentar um ângulo de valência muito análogo ao do das moléculas com seis ou sete electrões (no caso da água é $2\alpha = 104\frac{1}{2}°$).

Têm sido construídos diagramas análogos ao da Fig. 46 para uma larga gama de tipos de estruturas. Obviamente a sua utilização em termos quantitativos exige um perfeito conhecimento da forma das curvas relevantes o que não é normalmente viável na generalidade dos casos. Mas têm-se mostrado extremamente valiosos para considerações qualitativas, e aconselha-se a consulta dos artigos originais de Walsh se se pretender aprofundar o assunto. Torna-se óbvio que ao utilizarmos conceitos deste tipo abandonámos toda e qualquer tentativa de descrição da ligação molecular em termos de ligações localizadas de dois electrões. As ligações individuais «desapareceram» neste tipo de descrição — uma situação que nos pode forçar a reflectir uma vez mais no facto de que o próprio conceito de uma ligação não é mais que uma construção mental; as «ligações» não existem como entidades isoladas.

O benzeno e o mundo das moléculas aromáticas

O último exemplo que consideramos de orbitais deslocalizadas introduz-nos ao vasto mundo das moléculas insaturadas, conjugadas, e aromáticas. Apenas nos é viável apresentar uma introdução extremamente sintética e o benzeno é o exemplo clássico a considerar.

A molécula de benzeno C_6H_6 é plana; os núcleos de carbono definem um hexágono regular e os átomos de hidrogénio situam-se radialmente dispostos para o exterior segundo a direcção de cada átomo de carbono (Fig. 47).

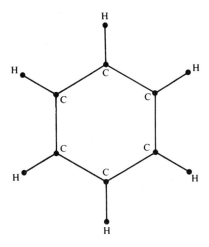

FIG. 47. A molécula de benzeno C_6H_6.

Começamos com os átomos de carbono, e construímos as orbitais híbridas trigonais sp² representadas na Fig. 28. Podemos então orientá-las de modo a obtermos a forma de seis ligações σ localizadas C—C e também podemos formar seis ligações σ C—H dispondo as seis orbitais H(1s) do modo indicado na Fig. 48. Restam-nos seis electrões.

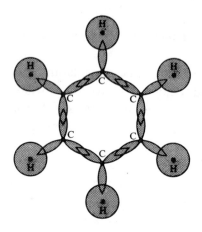

FIG. 48. A formação das ligações σ C—C e C—H no benzeno.

De modo análogo ao ilustrado na Fig. 13 (d) estes electrões ocupam OAs de carácter 2p, cujas direcções são todas paralelas, e perpendiculares ao plano dos núcleos (Fig. 49 (a)). Se pretendessemos emparelhar estas orbitais para formar ligações π localizadas, poderíamos adoptar a solução indicada na Fig. 49 (b). Mas não há razões para preferirmos este esquema de emparelhamento relativamente ao esquema alternativo de emparelhamento representado na Fig. 49 (c). Devemos usar os dois, e, se designarmos estes esquemas de emparelhamento por estruturas de Kekulé, devemos falar de ressonância entre tais estruturas, e usar uma função de

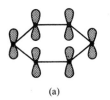 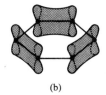 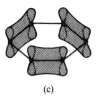

(a)   (b)   (c)

Fig. 49. As orbitais π no benzeno. (a) As seis orbitais atómicas idênticas e paralelas. (b), (c) Os dois esquemas de emparelhamento de Kekulé.

onda construída a partir destas duas (e possivelmente outras) estruturas componentes ou canónicas.

Um processo mais simples baseia-se na extensão do conceito de OMs deslocalizadas cuja aplicação ao caso de H_3^+ discutimos na p. 127. Consideremos as nossas OMs deslocalizadas como combinações lineares das seis OAs *. Surgem de facto seis OMs que podem ser obtidas de seis OAs. Três surgem como ligantes, as outras três como antiligantes. Como dispomos de apenas seis electrões para distribuir nestas OMs, preenchemos assim completamente as orbitais ligantes.

Os seis electrões π deslocam-se agora todos em orbitais que se extendem sobre toda a estrutura definida pelos átomos de carbono. Assim qualquer perturbação, como por exemplo a introdução de um substituinte ligado a um átomo de carbono, terá a possibilidade de transmitir a sua influência a toda a molécula. É esta a explanação fulcral dos efeitos

---

* Este é mais uma vez o modelo CLOA; mas agora as OMs começam a assemelhar-se às orbitais completamente deslocalizadas usadas na descrição da ligação metálica. Sob o ponto de vista histórico foi com base nesta analogia que surgiu a concepção da aproximação CLOA para as moléculas.

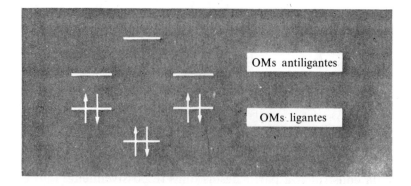

Fig. 50. Diagrama de energias das orbitais moleculares no estado base do benzeno. As setas representam electrões π nas OMs ligantes.

directores *orto, meta* e *para* dos substituintes numa molécula aromática *.

Este modelo fornece-nos uma explicação simples da elevada estabilidade do anel hexagonal. Porque para conseguir ligar cada átomo de carbono com dois outros átomos de carbono e um de hidrogénio, é necessária uma hibridização trigonal planar, em que os ângulos normais de valência são de 120°. Somente num hexágono regular é viável a obtenção, precisamente destes valores. É interessante verificar que existem anéis deste tipo com cinco ou sete átomos de carbono, mas que no ciclo-octatetraeno C_8H_8 a tensão nas ligações σ é já tão elevada que a molécula não mantém a planaridade, e adopta uma configuração deformada.

É agora muito simples a extensão desta descrição do benzeno a outras moléculas aromáticas. Por exemplo, no

---

* Um assunto discutido por R. A. Jackson em *Mechanism* (OCS 4).

naftaleno (C₁₀H₈; ver a Fig. 51) os ângulos de valência situam-se todos próximos do valor 120°; há onze ligações σ C—C e oito C—H, usando cada uma dois electrões,

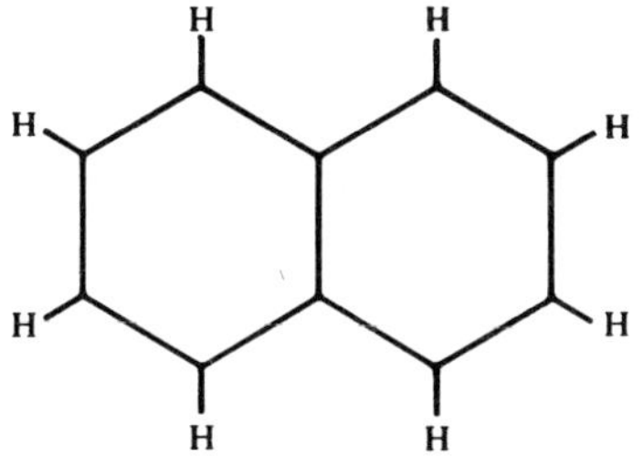

FIG. 51. O naftaleno $C_{10}H_8$.

e finalmente os restantes dez electrões π ocupam cinco OMs ligantes, que se extendem por toda a molécula. A condição do máximo de sobreposição de orbitais atómicas p verifica-se se a molécula for planar. Descrições análogas se aplicam à maioria dos hidrocarbonetos aromáticos polinucleares.

A piridina (Fig. 52) C_5H_5N é muito semelhante ao benzeno, pelo facto de ser planar e muito aproximadamente hexagonal regular. Os seis átomos de carbono do anel apresentam todos uma hibridização trigonal: a única diferença significativa é a presença de um par-isolado de electrões, associado com o átomo de nitrogénio, substituindo agora os dois electrões de uma das ligações C—H do benzeno. A evidência experimental da existência deste par-isolado de electrões projectando-se para o exterior do anel (compare-se com a Fig. 27 onde se representa uma análoga projecção de nuvens de carga electrónica para o

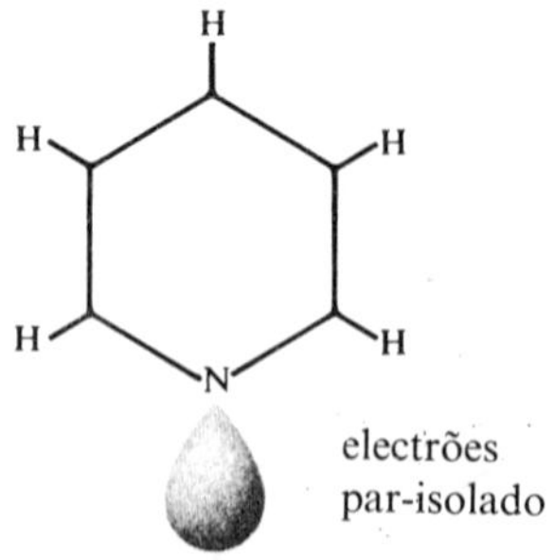

FIG. 52. A piridina C_5H_5N.

caso de H_2O) pode obter-se das propriedades fundamentais de moléculas deste tipo, em que os pares electrónicos isolados são utilizados para ligar um protão e assim formar o ião molecular piridíneo (Fig. 53), e também de estudos

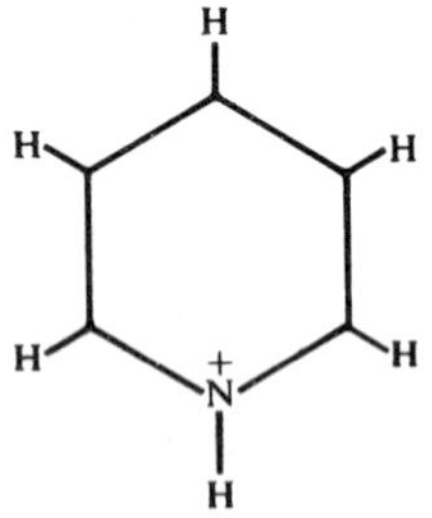

FIG. 53. O ião piridíneo $C_5H_6N^+$.

por métodos de raios X da densidade de carga electrónica total na molécula. Assim estudos cuidados de difracção de raios X da *s*-triazina (Fig. 54), onde temos três átomos de nitrogénio no anel, cada um com o respectivo par isolado electrónico, revelam muito nitidamente a presença das projecções das correspondentes nuvens de carga electrónica.

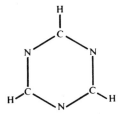

FIG. 54. A s-triazina $C_3H_3N_3$.

O diagrama de diferenças de densidade (Fig. 55) mostra não só o esperado acréscimo de carga na região da ligação σ entre cada par de átomos adjacentes no anel, mas também

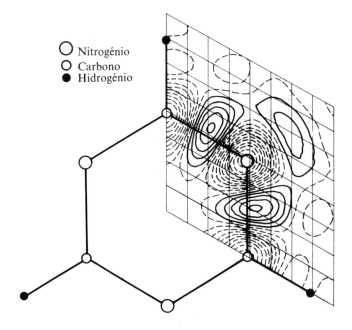

FIG. 55. Contornos de diferenças de densidades na s-triazina. As linhas contínuas representam um acréscimo de densidade electrónica, as linhas a tracejado um decréscimo.

a concentração de densidade electrónica nas regiões dos três pares-isolados.

Sabemos que sob o ponto de vista de comportamento químico o pirrol (C_4H_5N; ver a Fig. 56 (a)) é muito diferente da piridina. Facilmente podemos apreender a razão de tal

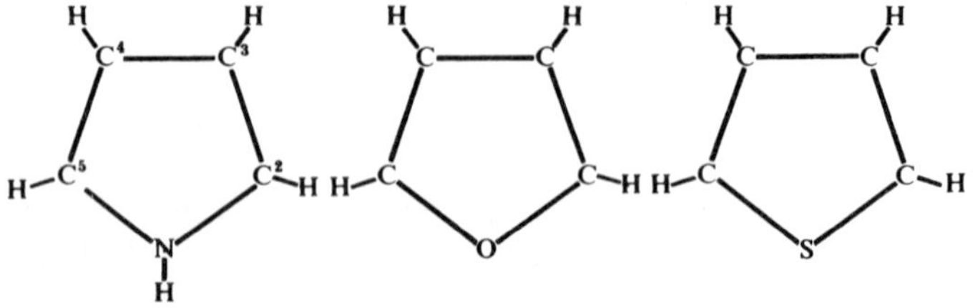

FIG. 56. (a) Pirrol, (b) Furano, (c) Tiofeno.

diferença. Se atribuímos ao átomo de N uma hibridização trigonal, e formarmos as várias ligações σ, verificamos que o átomo de nitrogénio contribui agora com dois electrões π; na piridina apenas contribuia com um. Como o átomo de nitrogénio não pode acomodar mais que dois electrões π, em virtude do princípio de exclusão de Pauli, segue-se que no pirrol o fluxo resultante de electrões π se deve afastar do átomo de nitrogénio; na piridina, onde temos inicialmente apenas um, o fluxo de electrões π já se pode orientar na direcção do átomo de nitrogénio. Estas migrações de electrões π, que estão sobrepostas à distribuição de carga nas ligações σ, concordam plenamente com os valores experimentalmente determinados, dos momentos dipolares destas duas moléculas. Os ângulos internos do anel do pirrol situam-se todos próximo de 108°, de modo que a estrutura de ligações σ se encontra ligeiramente sob tensão.

O leitor não encontrará agora dificuldades na compreensão das estruturas do furano (Fig. 56 (b)), tiofeno (Fig. 56 (c)), e de outros tipos de moléculas semelhantes. Anotar-se-á que em todas estas moléculas está presente um total de seis electrões π associado a cada anel. Falamos assim do *sexteto aromático*. A presença de um tal sexteto de electrões π é uma das condições para a elevada estabilidade destes sistemas moleculares. É evidente, da análise da Fig. 50, que no benzeno a origem desta estabilidade vai radicar-se na existência de exactamente três OMs ligantes, todas duplamente ocupadas. Em todos os outros casos se pode construir um diagrama energético de OMs, semelhante ao do Fig. 50 (com a excepção de que a degenerescência surge normalmente resolvida). Esta explicação simples do sexteto aromático representa uma das mais marcantes contribuições da teoria das OMs para o domínio da química aromática.

Finalmente regressemos ao pirrol. Os dois electrões π no átomo de nitrogénio estão mais fortemente ligados ao respectivo núcleo do que o estão os electrões π dos quatro átomos de carbono. Assim terão tendência a concentrar-se no nitrogénio. Em termos de estruturas de ligação de valência, isto significa que a Fig. 57 (a) é favorecida relativamente, por exemplo, à Fig. 57 (b). Como consequência as ligações entre átomos de carbono não são de igual compri-

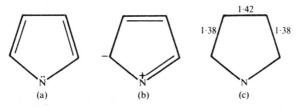

FIG. 57. Pirrol. (a), (b) Estruturas canónicas (teoria da ligação de valência). (c) Comprimentos das ligações carbono-carbono, expressos em Å.

mento: C^2—C^3 e C^4—C^5 apresentarão um mais elevado grau de carácter de dupla-ligação do que C^3—C^4. Isto reflecte-se nos respectivos comprimentos de ligação: C^2—C^3 tem um comprimento de 0.138 nm (1.38 Å) e C^3—C^4 de 0.142 nm (1.42 Å). Surgem diferenças semelhantes em outras moléculas incluindo hidrocarbonetos puros como o naftaleno (Fig. 58), e existe uma extensa literatura em que se discutem comparativamente previsões teóricas e resultados experimentais, normalmente com bom acordo *.

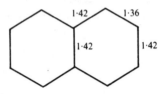

FIG. 58. Os comprimentos das ligações no naftaleno, expressos em Å.

E com esta muito breve introdução a um vasto domínio damos por concluída a nossa história. Nela procurámos mostrar como algumas ideias relativamente simples, sem características particularmente abstrusas ou matemáticas, possibilitaram a racionalização de uma vasta porção da química estrutural. A nossa discussão arrancou com o símbolo clássico para a representação de uma ligação química — o segmento de recta de Archibald Couper — e enformou-o de expressividade. Mesmo se, neste estádio, nem sempre temos possibilidade de prever o tamanho e a forma duma molécula, por vezes podemo-lo fazer; e fundamentalmente conseguimos uma mais profunda compreensão das razões pelas quais as moléculas são o que são.

---

* Para uma descrição deste assunto ver e. g. *Valence*, Capítulo 9.

Bibliografia complementar

Capítulo 1

Uma listagem quase exaustiva dos tamanhos e formas moleculares experimentalmente determinados encontra-se na obra «Tables of Interatomic Distances and Configurations in Molecules» (1958), ed. por Sutton, L. E., «Special Publication» n.° 11. London: The Chemical Society; e no «Supplement» (1965) à referida obra: «Special Publication» n.° 18. London: The Chemical Society.

Um tratamento elementar da mecânica quântica necessária à compreensão deste livro, com a demonstração da maior parte dos resultados referidos, surge na obra do autor «Valence», Clarendon Press, 2.ª edição 1961, à qual se fizeram frequentes referências no presente livro.

Capítulo 2

No capítulo 5. do livro «Valence» encontra-se uma tabela com muitas das funções de onda mais importantes para o hidrogénio molecular obtidas usando as aproximações OM e LV. A equivalência das funções de onda OM e LV após a inclusão dos refinamentos adequados a cada tipo de função, foi detalhadamente demonstrada para H_2 por Coulson, C. A. e Fischer, (Miss) I. (1949), *Phil. Mag.* **40**, 386; e, para as moléculas em geral por Longuet-Higgins, H. C. (1948), *Proc. phys. Soc.* **60**, 270. Algumas das dificuldades inerentes ao cálculo de momentos dipolares moleculares, tomando em consideração as contribuições dos electrões que não intervêm directamente na ligação (electrões não-ligantes) bem como o dipolo homopolar (ou efeito de tamanho) são explicitamente considerados na referida obra «Valence», 2.ª edição, 1961, Capítulo 6.

Capítulo 3

A utilização de orbitais híbridas remonta a Linus Pauling (1931), *J. Am. chem. Soc.*, **53**, 1367. O conceito de Estado de Valência foi introduzido por van Vleck, J. H. (1933) *J. chem. Phys.* **1**, 177, 219;

(1934), ibid., **2**, 20. O conceito foi depois alargado por Mulliken, R. S. (1934) *J. chem. Phys.*, **2**, 782, por Moffitt, W. E. (1950) *Proc. R. Soc.* A **202**, 534, 548, e posteriormente por outros autores. A importância do integral de sobreposição foi sublinhada por Maccoll, A. (1950) *Trans. Faraday Soc.*, **46**, 369; e as ligações curvas foram introduzidas por Coulson, C. A. e Moffitt, W. E. (1949) *Phil. Mag.*, **40**, 1. Nos Capítulos 7 e 8 do livro «Valence» apresenta-se um tratamento mais detalhado dos tópicos discutidos no presente capítulo.

Capítulo 4

Uma mais completa discussão das propriedades das orbitais atómicas híbridas surge no Capítulo 8 de «Valence». Informação detalhada acerca dos tamanhos e formas de muitas das moléculas discutidas neste capítulo encontra-se nas duas «Chemical Society Special Publications» referidas na bibliografia do Capítulo 1. Mais informação encontra-se na obra de Wells, A. F., (1962), «Structural Inorganic Chemistry», Clarendon Press, Oxford, 3.ª edição. Os hidridos de boro são exaustivamente considerados na obra de Lipscomb, W. N. (1963), «Boron Hydrides», Benjamin, New York. Uma panorâmica elementar dos novos compostos dos gases nobres é dada por Coulson, C. A. (1964), *J. chem. Soc.*, 1442. No que respeita a compostos em que intervenham elementos de transição deverá consultar-se uma obra versando a teoria do campo do ligando. Um outro modelo para a discussão das moléculas poliatómicas que privilegia a repulsão entre pares electrónicos isolados e todos os restantes electrões, segundo as ideias introduzidas por Sidgwick, Powell, Nyholm e Gillespie, pode encontrar-se no livro «Molecular geometry» da autoria de R. J. Gillespie, van Nostrand (1972).

Capítulo 5

Os principais trabalhos no desenvolvimento inicial do modelo das orbitais moleculares deslocalizadas devem-se a R. S. Mulliken. Um estudo relativamente recente sobre o diborano e as suas propriedades é da autoria de Long, L. H. (1972) em «Progress in Inorganic Chemistry», vol. 15, J. Wiley. Um conjunto bem organizado de tabelas da teoria dos grupos, útil para a classificação das OMs na água e noutras moléculas aparece no livrinho «Tables for Group Theory», de Atkins, P. W., Child, M. S., e Phillips, C. S. G. (1970), Oxford, Clarendon Press. Um tratamento pormenorizado das muitas aplicações da teoria das orbitais moleculares às moléculas aromáticas e insaturadas encontra-se na obra «The Molecular-Orbital Theory of Conjugated Systems», da autoria de Salem, L. (1966), W. A. Benjamin, New York. Um tratamento mais elementar surge no livro «Molecular-Orbital Theory for Organic Chemists», de Streitwieser, A. (1961), John Wiley, New York e London. Consultar igualmente a obra do autor «Valence» ou uma das variadas e excelentes obras versando este tópico.

Volumes relevantes na série «Oxford Chemistry Series»

Jackson, R. A. (1972) «Mechanism: An introduction to the study of organic reactions».
McLauchlan, K. A. (1972) «Magnetic Resonance».
Pass, G. (1973) «Ions in solution (3): Inorganic properties».
Pudephatt, R. T. (1972) «The periodic table of the elements».
[Versão portuguesa «O quadro periódico dos elementos», Livraria Almedina, Coimbra.]
Wormald, J. (1973) «Diffraction Methods».

Índice

acoplamento de spins nucleares, 13
água, molécula de, 22, 77, 131, 134
alcalinos, elementos, 105
amoníaco, 113
    borano, $NH_3 \cdot BH_3$, 120
amónio, NH_4^+, 114, 120
antiligantes, orbitais moleculares, 57
antissimetrização, 16
antraceno, 14
    contorno de densidade electrónica, 14
aromáticas, moléculas, 135
aromático, sexteto, 143
atómicas, orbitais, 16
    tipos s, p e d, 16
camadas, 19
átomo de sódio, 21
átomos dos gases nobres, 123
aufbau, princípio, (*ver* preenchimento), 19, 20, 59

B, átomo de, 21
BF_4^-, 120
BH, 74
BH_2^+, 134
BH_4^-, 120
B_2H_6, 129
Bayer, teoria das tensões de, 94
Be, átomo de, 21
BeH, 74
BeH_2, 134
BeO, 117
benzeno, contornos de densidade nuclear, 15
    forma molecular, 135
    estrutura electrónica, 136
Bohr, primeira órbita de, 30
Born-Oppenheimer, aproximação de, 22, 27

C, átomo de, 21, 86
    estado de valência, 86
    raio covalente e hibridização, 122
CF_2, 86
    ligações carbono-hidrogénio, 121, 122
CH, radical, 74
CH_2, 86
CH_4, 86
CLOA, aproximação, 65, 137
CO_2, 22
camada, 19
camada fechada, octeto de, 120
carga, nuvem de, 12, 18
    densidade de, 42, 69
ciclo-octatetraeno, 138
ciclopropano, 91
    triciano-, 93
ClF_3, 108, 109
contornos, diagrama de, 14
covalente, função, 41, 52
CsF, 105
curvas, ligações, 91

d, orbital, 17
Δ, estados, 61
dadora, ligação, 104
dativa, ligação, 104
degenerescência, 17
deslocalizadas, ligações, Capítulo 5
densidades, diferenças de, 70
diamante, 73
diatómicas, moléculas, Capítulo 2
diborano, B_2H_6, 129
diferença de densidades, 70
difracção, electrónica, 13
    neutrónica, 13
    raios X, de, 13
difusão (ver difracção)

digonais, híbridas, 90
dipolar, momento eléctrico, 53, 66
dupla, ligação, 50, 88
   carácter de, 144

efeito, de substituintes no benzeno, 138
electrões compartilhados, 38
electronegatividade, 54
electrónica, correlação, 39
   difracção, 13
electrónico, par de ligação, 44
   função de onda do, 38, 44
   spin, 16
   ressonância de, 13
elementos alcalinos, comportamento de valência, 105
elementos de transição, 103
energia de ionização, 51, 63
energia potencial, curva de, 24
   superfície de, 25
estado, singuleto, 44
   Σ, 61
   Π, 61
   repulsivo, 36
   tripleto (H_2), 45
estrutura das moléculas, 12
etileno, 88, 121

flúor, átomo de, 21
   molécula de, 46, 61
fluoridos de xenon, 124, 125, 128
formaldeído, 121
função de onda de Heitler-London para H_2, 34
   refinamentos, 39
furano, 143

gerade, simetria, 60

H, átomo de, 21
   molécula de, 34, 55, 61
      densidade de carga, 42, 70
      diferença de densidades, 71

H_3, 25
H_3^+, 127
HF, 66
H_2O; *ver água*
H_3O^+, 112
halogénios, 108
Hamiltoniano, 26
   para o hélio, 30
hélio, átomo de, 21
   molécula de, 123
heteronucleares, moléculas diatómicas, 51, 65
$MgMe_2$, 117
hibridização, 81
   ângulos de valência e, 85
   diferentes tipos de, 98
   digonal, 90
   raio covalente e, 122
   tetraédrica, 86
   trigonal, 89
   vantagens e desvantagens, 95
hidrazina, 114
hidrogénio, halogenidos de, 54
homonucleares, moléculas diatómicas, 45, 58
Hund, regras de, 21

inversão, simetria de, 60
iónica, função, ou estrutura, 41, 52, 75
iónico, carácter, 53, 54
ionização, energia de, 51, 63

KBr, 105
Kekulé, estruturas de, 136
KrF_2, 124

laplaciano, operador, 23
Li, átomo de, 21
   molécula de, 46, 61, 81, 106
      diferença de densidades, 72
      ião molecular, 107
LiH, 74
ligação, dadora, 104

dativa, 104
deslocalizada, Capítulo 5
dupla, 88
localizada, 77
propriedades da, 77
simples, 49
tripla, 50, 88
ligação-σ, 50
ligação-hidrogénio, 85
ligação-π, 50, 60
ligações-s, 106
ligante, orbital molecular, 57
localizada, distribuição de carga, 77

Mendeleiev, *ver* quadro periódico
metano, 25, 85
método da ligação de valência, 38
de orbitais moleculares, 55
variacional, 27
expoentes em orbitais atómicas, 30, 39, 58
modelo átomos-separados, 33
átomo-unido, 33
modelo orbital, 16
momento dipolar, 53, 66
moléculas, aromáticas, 135
diatómicas heteronucleares, 51, 65
diatómicas homonucleares, 45, 58
poliatómicas, Capítulo 3

NaCl, diatómico, 105
naftaleno, 139, 144
neon, átomo de, 21
molécula de, 61
neutrões, difracção de, 13
para o benzeno, 15
nitrogénio, átomo de, 21
molécula de, 50, 61, 64
radical, NH, 74
radical NH_2, 134
níveis de energia orbital, diagrama de, 20

núcleos, posições dos, 12, 13 15
número quântico principal, 17
números quânticos para átomos, 17

o-, *m-*, *p-*, efeitos directores de substituintes, 138
OH, radical, 74
octeto, 120
orbitais, atómicas, 16
deslocalizadas, Capítulo 5
localizadas, 77
orbitais moleculares, 56
para HF, 67
para moléculas diatómicas homonucleares, 62
tipo σ, 56
tipo δ, 60
tipo π, 60
orbital *s*, 16
p, 16
ortogonalidade, 17, 84
oxigénio, átomo de, 21
molécula de, 61
oxónio, compostos de, 112

PCl, 115
paramagnetismo de O_2, 62
pares-isolados, electrões de, 84, 114
repulsão mútua, 114
percentagem de carácter iónico, 53
piridina, 139
piridíneo, 140
pirrol, 142
policêntricas, ligações, 127
poli-halogenidos, 108
preenchimento, princípio de, (*ver* aufbau), 19, 20, 59
princípio da sobreposição máxima, 46

quadro periódico, 19, 103

raio covalente e hibridização, 122
Rayleigh, princípio de, 28
  relação de, 28
Ritz, método de, 31, 53
rotação restrita, 49, 90
SF_6, 112, 116
s-triazina, 141
Schrödinger, equação de onda de, 26
sexteto aromático, 143
simetria axial de orbitais moleculares, 60
simetria de reflexão nas orbitais moleculares, 60
simetria, propriedades de, 60
  ±, 60
  ungerade, 60
Slater, orbitais tipo, 31
sobreposição, integral de, 42, 95
  região de, 47
  tipo σ, 49
  tipo π, 49
sobreposição máxima, 46
spin, 16

TeCl, 112
telúrio, 111
tensão, 91
tetraédricas, orbitais híbridas, 86
  para o B e N, 119
tetraédrico, átomo de carbono, 86
tiofeno, 143
trigonais, orbitais híbridas, 89
valência, ângulos de,
água, 80,   134
  bário, 118
  compostos dos gases nobres, 123
valência, elevada, 108, 112
  estado de, 86, 98
valência, no grupo 2, 116
  no grupo 3, 119
  no grupo 4, 120
  no grupo 5, 113
  no grupo 6, 111
  mercúrio, 118
valência, número de, 104
  regras da, Capítulo 4
vibrações moleculares, 12
  amplitude das, 12
Walsh, diagramas de, 131